El Club de las Mentes Enfocadas

Alcanza tus objetivos con enfoque mental

David Gómez

VERGARA

Primera edición: marzo de 2024

© 2024, David Gómez
© 2024, Penguin Random House Grupo Editorial, S. A. U.,
Travessera de Gràcia, 47-49. 08021 Barcelona
© 2024, Maestro Lobsang Zopa, por el prologo
© 2024, Shutterstock, por las imágenes del interior

Printed in Spain — Impreso en España

ISBN: 978-84-19248-97-8
Depósito legal: B-734-2024

Compuesto en Twist Editors

Impreso en Romanyà-Valls
Capellades (Barcelona)

VE 4 8 9 7 8

*A mis padres Álvaro y Celia porque me
han dado todo su amor*

*A Blanca, mi mujer, por su inestimable
ayuda y paciencia*

A mis maravillosos hijos Roque y Romina

*Y a todos los maestros que se han cruzado
en mi camino*

¡Enhorabuena y gracias por adquirir *El Club de las Mentes Enfocadas*! Estoy emocionado de acompañarte en este viaje hacia una mente más enfocada y poderosa.

He creado una página especialmente para ti, donde encontrarás todas las técnicas mencionadas en el libro, organizadas capítulo a capítulo. Esta página web está diseñada para facilitar tu práctica y ayudarte a sacar el máximo provecho del libro.

Te sugiero enfocarte en una o dos técnicas a la vez, dedicándoles al menos un mes de práctica constante. Recuerda, la paciencia y la perseverancia son claves para el éxito en este entrenamiento mental.

Explora todo lo que te espera escaneando el código QR:

Y hay más: como muestra de agradecimiento por tu confianza, te he preparado una sorpresa. Este regalo de bienvenida es solo el comienzo de lo que promete ser un viaje transformador. ¡Adelante!

ÍNDICE

PRÓLOGO

Se dice que lo que hace un buen coach, no es precisamente la directividad, sino poner al servicio de los clientes sus conocimientos de coaching, sus competencias profesionales y las herramientas de que dispone. Y son los clientes quienes deciden de forma consciente, responsable y libre qué desean conseguir. Qué caminos tomar para lograr sus metas profesionales y personales.

También dicen que el coach te acompaña para encontrar tu verdad dentro de ti mismo. De acuerdo con tus habilidades, tu sistema de creencias, valores, necesidades y el entorno del que formas parte, etc.

Se necesita una visión amplia, y debemos cultivar ambas partes de nuestra naturaleza, la emocional y la lógica, es un viaje que conecta la razón y el corazón desde el respeto y la confianza en tu sabiduría interna. Porque, es al percibir la realidad de nuestra situación cuando seremos capaces de mejorarla de una forma significativa.

Confía en tu capacidad para transformar tu mundo interno, y en que cuando esto sucede, también afecta a tu mundo externo.

El coach posibilita que puedas diseñar el futuro que deseas a través de metas realistas, inspiradoras, medibles y alcanzables. Te ayuda a descubrir tus recursos y a despejar el camino de obstáculos, haciéndote consciente de tu realidad y de las consecuencias de tus propias decisiones.

Estas herramientas y mucho más, serán las que encuentres en este libro gracias al increíble valor de David, al haber incorporado a la ciencia externa del universo material, sus conocimientos de la ciencia interna sobre la naturaleza de la mente en sí. Una se basa en la otra, pero él entendió muy bien que es la ciencia budista interna la que ha alcanzado una visión única y profunda sobre la naturaleza de la mente, y que tales conocimientos son, no solo relevantes para el trabajo del coaching sino para el mundo en el que hoy vivimos.

Aporta herramientas para corregir la tendencia a la distracción crónica, la cual se ha convertido en la norma de la vida moderna, y para la adicción a dividir nuestra atención en las múltiples actividades y entretenimientos, entre el momento presente y nuestras expectativas para el momento siguiente.

La propuesta de David nos dice que podemos aumentar de manera eficaz nuestra capacidad de atención e incluso reforzarla, el punto está en una práctica bien dirigida. En estas páginas David expone con singular claridad los métodos para reforzar la atención y aportar luz al resto de las cualidades innatas que poseemos.

Mientras los científicos han intentado entender la mente a través de la investigación objetiva e impersonal, David lo ha hecho mediante la investigación subjetiva en primera persona a través de la meditación a lo largo de siete años en los retiros de Vipassana que realizó conmigo. Él comprendió muy bien que la mente no ejercitada oscila entre la agitación y la inactividad, entre la inquietud y el aburrimiento, y que por tanto una atención pobre no solo perjudica todo lo que hacemos sino que nos impide comprender el potencial que tenemos para poder conseguir nuestros objetivos en la vida.

David no ha dudado en integrar las perspectivas científicas y contemplativas –ya investigadas a nivel científico– a sus formas de enseñar para ayudar a los clientes a obtener resultados más óptimos, beneficiar y enriquecer sus vidas tanto en el ámbito profesional como en el personal, al tiempo que se aprende a eliminar aquello que lo debilita, lo embota y lo obstaculiza.

Comprendiendo la motivación tan sincera que hay detrás de cada una de las palabras escritas en este libro, y el esfuerzo personal de David en el camino de la introspección meditativa para eliminar la neblina que le impedía reconocer sus cualidades y su más sincero y profundo deseo de beneficiar a los demás, es también mi deseo que este libro pueda beneficiar tan extensamente como el espacio a todo aquel que lo lea.

MAESTRO LOBSANG ZOPA
Autor del libro *Silencia tu mente. Enciende tu corazón*

INTRODUCCIÓN

Antes de embarcarnos en este viaje mágico al corazón de *El Club de las Mentes Enfocadas*, es necesario que te sometas a un sencillo pero revelador examen de autoconocimiento.

Reflexiona unos segundos sobre estas tres preguntas:

¿Cuál es la razón que te impulsa cada día a levantarte?
¿Cuáles son tus prioridades?
¿Dónde está tu mente con sus pensamientos todos los días?

Tal vez estas preguntas te resulten nuevas, o quizá ya formen parte de tus reflexiones cotidianas. Independientemente de tus respuestas, si buscas algo más, algo diferente, ¡bienvenido al club!

En este libro aprenderás diferentes técnicas mentales, simples pero poderosas, diseñadas para entrenar tu mente automática, transformándola, con constancia y enfoque, en una formidable herramienta para forjar la vida que deseas tener.

Para dirigir nuestra mente con enfoque, necesitamos tres ingredientes mágicos: motivación, deseo de aprender y una atención bien dirigida. Por fortuna, tanto la mente como el cerebro son como arcilla en manos de un hábil alfarero: moldeables. El límite en tus creaciones lo pones tú. No puedes esperar mejorar en tenis sin práctica, ni ganar velocidad en carrera sin entrenamiento. Del mismo modo, alcanzar tus metas requiere de un enfoque inquebrantable y constante.

Quienes logran grandes cosas son aquellos capaces de mantener una visión o un fin claro y perseguirlo sin descanso. Son como magos que han descubierto y dominado el arte de enfocar su mente, extrayendo la magia de su interior para alcanzar sus objetivos. Ahora te estarás preguntando: ¿Cómo puedo entrenar mi mente para convertirme en alguien con ese enfoque? Permíteme seguir explicándote.

A medida que te vayas adentrando en las páginas de este libro, te embarcarás en una travesía transformadora. Las metas que se pretende alcanzar son claras y tangibles: adiestrar tu mente para que se alinee con tus objetivos más importantes, potenciar tu capacidad de concentración y atención, y enseñarte a navegar y a reprogramar esos pensamientos automáticos que tantas veces te sabotean. Esto no es solo un libro; es una invitación a convertirte en el mago de tu realidad, usando el poder que ya reside en tu interior: el poder de una mente enfocada.

Te enfrentas a un mundo que compite por tu atención, donde las distracciones son tan omnipresentes como el aire que respiras. Este libro es tu brújula en ese mundo, y te ofrece las habilidades para dirigir tu atención de manera intencionada. Encontrarás soluciones a problemas como la procrastinación, el ruido mental, la resistencia al cambio y la gestión ineficaz de las emociones. En estas páginas, descubrirás cómo transformar esos autosaboteadores en aliados, cómo emplear tu imaginación para visualizar el éxito, y cómo la fe en ti mismo puede ser el catalizador para que el cambio sea perdurable.

¿Por qué leer este libro? Porque vivimos en una era de sobreinformación y multitarea, en la que el enfoque se ha convertido en una habilidad rara y valiosa. Tienes en tus manos una llave maestra para desbloquear una vida de propósito y significado, que te liberará del perpetuo ciclo de reactividad. En cada capítulo, te guiaré a través de un proceso de autodescubrimiento y automaestría, en los que te revelaré cómo la calidad de tu atención mental determina la calidad de tu enfoque en tu vida.

La importancia de una vida enfocada no puede ser subestimada. Con enfoque, tus acciones suman potencia, tus decisiones ganan claridad y tu vida adquiere una dirección. Sin él, incluso los esfuerzos más hercúleos pueden dispersarse en la nada. Una mente enfocada te permite vivir intencionalmente, eligiendo caminos que te llevan a la realización de tus metas. Este libro no solo te enseñará a desarrollar ese enfoque, sino que también te mostrará cómo mantenerlo, cómo nutrirlo y cómo asegurarte de que cada día estés un paso más cerca de tus deseos más queridos.

La pregunta

Desde 2008, muchos clientes de coaching me han preguntado: «¿Por qué no consigo lo que deseo?». La respuesta es simple, pero profunda: tus deseos aún no son parte de tu pensamiento común.

Tus pensamientos comunes son los que ocupan tu mente a lo largo del día y, lamentablemente, tus deseos y metas no suelen estar entre ellos. Nuestra escasa atención mental, fragmentada como un espejo roto, salta de un pensamiento a otro como si se tratase de un mono saltando de liana en liana, dificultando la concentración sostenida. Nos olvidamos del nombre de alguien que acabamos de conocer o dónde hemos dejado el móvil que teníamos en la mano hace un instante. Vivimos en modo automático, repitiendo los mismos patrones de pensamiento y de comportamiento día tras día. Párate a pensar un momento en los miles de decisiones que tomas al día y pregúntate, ¿cuántas de ellas tomas realmente de manera consciente y alineada con tus objetivos? Probablemente, muy pocas.

Sin las técnicas adecuadas y una motivación clara para cambiar esa mente inconsciente y automática, es complicado enfocar la atención conscientemente hacia lo que realmente deseas.

Antes de continuar, permíteme contarte mi historia y lo que hay detrás de este libro.

El comienzo

Desde pequeño, siempre me he sentido como un mago en busca de sus poderes perdidos. En esa constante búsqueda a lo largo de mi vida, he sido guiado por una fuerza interior, a veces sin ser plenamente consciente de ella. Quizá fue esa misma energía la que me llevó a vivir experiencias desafiantes en mi infancia, que moldearon mis decisiones más importantes y trazaron mi camino.

Como dijo Steve Jobs en su célebre discurso en la Universidad de Stanford en el año 2005, solo al mirar atrás puedes conectar los puntos de tu vida que te han traído hasta aquí. Por suerte, la vida siempre ofrece oportunidades para comenzar de nuevo, pero se requiere confianza y la capacidad de dejarse llevar.

No soy más que una persona como tú que, debido a circunstancias personales, a una edad muy temprana tuvo que aprender a sobrellevar una situación abrumadora y transformar su mente para sobrevivir. Hoy estoy aquí, compartiendo humildemente mi viaje, con la esperanza de que, al revelarte cómo me convertí en el mago de mi propia vida, pueda inspirarte a encontrar y recorrer tu propio camino.

Soy el segundo de cuatro hermanos. Mis padres no llevaban mucho tiempo casados cuando mi madre se quedó embarazada de un niño. Por desgracia, sufrió un aborto de manera natural. Pero a los pocos meses después, ella estaba embarazada de nuevo, esta vez de mí. No fue hasta que crecí cuando supe de mi hermano mayor no nacido, y desde entonces, he sentido una especie de gratitud hacia él. A veces pienso que, si él hubiera nacido, yo no estaría aquí haciendo lo que me propuse hacer. Pero la verdad es que no siempre he mirado la vida con optimismo. No fue fácil venir al mundo; el nacimiento fue complicado y doloroso para mi madre. Pesaba casi cinco kilos, tenía tres vueltas de cordón umbilical enrolladas al cuello y solo pude salir de mi primer hogar con fórceps. Podría parecer que puse cierta resistencia a nacer poniéndolo tan complicado, y puede ser que así fuera, pero tenía un propósito que cumplir, aunque tardé treinta y siete años en darme cuenta y dedicarme por completo a ello.

Antes de cumplir tres años, un acto de curiosidad infantil me llevó a sufrir graves quemaduras en las manos al ponerlas sobre un brasero eléctrico. Mi padre aún me recuerda gritando de dolor y la cara de mi madre al verme así. Las quemaduras fueron tan severas que afectaron tanto a las palmas como a la movilidad de mis dedos, e inclusive llegaron a borrar mis huellas dactilares. A medida que crecía, me avergonzaba de mis manos, que siempre escondía en los bolsillos. Años después, en la preadolescencia, tuve que pasar por el quirófano para intentar disimular aquellas cicatrices, aunque mis manos nunca volvieron a ser normales y sus secuelas continúan hoy en día.

Aun con este accidentado aterrizaje y lo acontecido a los dos años de vida, mi primera infancia transcurrió como la de cualquier otro niño con hermanas… Jugábamos, nos peleábamos, mis hermanas lloraban y a menudo yo terminaba castigado.

Siempre me sentí diferente, incluso desde niño. Era muy sensible y muchas veces me sentía solo e incomprendido, como si no encajara en este mundo. Me pasaba horas observando las estrellas, soñando con otros planetas y formas de vida. Incluso ahora, cuando miro a través de mi telescopio y veo el cielo lleno de estrellas, no puedo evitar pensar en la inmensa diversidad de vida que debe de existir más allá de nuestra vista.

Es verdad lo que dice el refrán: en todas partes cuecen habas. En mi familia, como en muchas otras, mis padres tenían discusiones que nos afectaban a mí y a mis hermanas de maneras diferentes. Recuerdo estar acostado en mi cama, siendo aún bien pequeño, oyendo sus peleas mientras mis hermanas dormían. Eran momentos difíciles, y cada discusión me llenaba de temor y sufrimiento, pues me aterraba la idea de que pudieran separarse, aunque eso nunca pasó.

Con el tiempo, y sin darse cuenta, mi madre comenzó a confiarme los problemas que tenía con mi padre. Eso marcó el final de mi infancia y adolescencia, y me llenó de frustración y un sentimiento de impotencia por no poder hacer nada para ayudar. Terminé tomando partido por mi madre, y veía a mi padre como la causa de sus problemas. Sin embargo, con los años y mis propias experiencias de pareja, comprendí que no se trataba de buenos y malos, sino de dos personas que, a pesar de quererse y necesitarse, a veces no conseguían entenderse. Esta vivencia me ha enseñado mucho. Una de las lecciones más valiosas ha sido la importancia de esforzarse por proteger a los hijos de los conflictos de sus padres.

Mi primera crisis existencial

Todos enfrentamos momentos que nos cambian la vida y, hoy en día, a mis cincuenta y cuatro años, he experimentado cuatro grandes crisis existenciales que han marcado el rumbo de mi vida. Todas ellas me han forjado a golpe de martillo, con dolor, para ser la persona que soy ahora. Las tres primeras siento que debo contártelas a lo largo del libro para que puedas entenderme mejor. La última me la reservo para otro posible libro en un futuro.

La primera de ellas llegó con la fuerza de una tormenta a los nueve años. Y de golpe, mi infancia se esfumó.

Era una noche de lluvia cuando la vida de mi familia pudo convertirse en tragedia en una carretera resbaladiza. El coche donde viajaban mi padre y mi abuelo se estrelló contra el de dos hermanos que había patinado y cruzado al carril contrario. El accidente fue muy grave, y se cobró la vida de uno de los hermanos y dejó los vehículos para chatarra. Mi padre y mi abuelo salvaron la vida, aunque tuvieron que estar un tiempo ingresados en el hospital. Hasta entonces, las discusiones de mis padres eran lo único que había perturbado mi paz, pero ver a mi padre herido, cubierto de costras y moretones, hizo que por primera vez temiera perderle.

Durante esos días angustiosos y de incertidumbre, me invadió un torbellino de emociones. Las mantuve para mí, en silencio, y me mostraba fuerte para no preocupar más a mi madre. Uno de los días que la acompañé al hospital, al ver ella el coraje que yo mostraba, y en un intento de hacerme valer, me dijo justo antes de subir a la habitación de mi padre, sujetando mis manos con las suyas:

—Cariño, si a papá le ocurriese algo, tú pasarás a ser el cabeza de familia porque eres el hombrecito de la casa.

Con una voz temblorosa, solo pude asentir, sin comprender del todo el peso de sus palabras. No podía defraudarla. En mi joven mente era el mayor, el varón de la familia, sin saber aún el costo que suponía esa carga.

Aquella frase, aparentemente intrascendente para mi madre y destinada a infundirme valor, se me incrustó en cada una de mis células, marcándome como un hierro candente imprime su sello en el ganado. Recuerdo una presión en el pecho, indescifrable entonces, que se instaló en mí y no cedió hasta pasados los treinta años. Ese peso se transformó en el miedo a no estar a la altura de una responsabilidad que, de repente, cayó sobre mis hombros. Aquella fue mi primera crisis existencial; ese día, que quizá fue el más determinante de mi vida, precipitó mi madurez y gran parte de mi infancia desapareció para nunca volver. El David niño y emocional perdió relevancia, quedando en sombras. Desde ese momento, hice un pacto conmigo mismo por el que me dije que, si mi padre faltaba, yo tomaría su lugar, sería el pilar de la familia y traería el dinero a casa. Así nació el David distorsionado e inseguro, que pretendía ser fuerte para asumir un destino que no sabía cómo afrontar.

Mi madre, al quedarse embarazada de mí, dejó su trabajo para dedicarse a criarnos, dejando el peso económico en manos de mi padre. Nunca la vi trabajar, por lo que, desde mi lógica infantil, no concebía que ella pudiera ganarse el pan si mi padre faltase, cosa que, irónicamente, hizo años después en un negocio familiar. Esto creó con el tiempo otra creencia destructiva en mis relaciones futuras, que me llevó a ver a la mujer como una carga para mí, pues creía que debía cuidar de ella como de mi madre y hermanas. Con los años, esa percepción se convirtió en una cadena que coartaba mi libertad, de forma que primaba el bienestar de la mujer sobre mis propios deseos y anhelos.

Como era de esperar, este patrón mental también trastocó mi relación con mi padre. En mis primeros años de adolescencia, comencé a desarrollar una aversión hacia él que se intensificó con el tiempo. Por un lado, le reprochaba haber tenido que abandonar mi infancia prematuramente para asumir un rol que no correspondía a mi edad; por otro, lo consideraba culpable del sufrimiento de mi madre. Este cóctel explosivo alimentó una frustración que, poco a poco, dirigí hacia mi padre como si fuera la raíz de todos mis problemas.

Fue tras ese accidente de coche, abrumado por la ansiedad de no saber cómo me ganaría la vida a los nueve años, cuando empecé a buscar esos poderes de mago para poder cumplir con mi misión y estar preparado en el caso de que mi padre faltara. Mi universo interior y mi imaginación florecieron, y con ellos, un fascinante interés por el ocultismo, las civilizaciones ancestrales y la vida extraterrestre.

Una de las actividades con las que más disfrutaba cuando tan solo contaba con pocos años era ir de visita con mis padres a casa de mis abuelos maternos. Nada más llegar, corría al despacho del abuelo y hojeaba los diferentes tomos de la enciclopedia de parapsicología que atesoraba entre su biblioteca. Esta enciclopedia que aún conservo me recuerda a ellos, a esa magia y conocimiento antiguo que atesoraban todos esos libros que tenían mis abuelos.

Mis padres, aunque mucho más mi madre, eran una gran apasionada de la lectura en general y del esoterismo en particular. En mi casa había muchos libros de parapsicología y estos fueron los primeros que despertaron mi curiosidad infantil. Mi madre, al ver mi disposición por estos libros, un día me dijo: «No me sorprende el gran interés que tienes por estos temas, es algo que nos viene de familia».

Es fascinante cómo ciertas energías familiares se mantienen a través de generaciones. Estas corrientes transgeneracionales pueden transmitirnos tanto miedos y creencias limitantes como fortalezas y dones ocultos heredados. Es indudable que nuestra familia ancestral ejerce una notable influencia en nuestras vidas, muchas veces en un plano inconsciente.

El pequeño mago que llevaba dentro empezaba a descubrir sus poderes y eligió experimentarlos de una manera muy personal. En uno de los tomos de la enciclopedia de parapsicología de mis abuelos, me topé con un capítulo completo dedicado al vudú y su aplicación práctica. El vudú, una religión con raíces en África Occidental y fusionada con el catolicismo tras expandirse a América, especialmente a Haití, recurre a muñecos en ciertos rituales para representar e influir en personas. A los doce años, al cambiar de colegio, tuve un profesor de inglés, el señor Valdivieso, quien se burlaba de mi falta de conocimiento del idioma, ya que yo había estudiado francés desde pequeño. Aunque no era un niño vengativo, tomé la decisión de hacerle vudú como castigo. El profesor Valdivieso lucía una brillante calva en la parte superior de la cabeza, pero me las ingenié para hacerme con un pelo suyo procedente de su raída chaqueta de pana marrón, aprovechando una de las veces que pasó junto a mí. Ahora me doy cuenta de que tal vez aquel cabello no era suyo, pero en ese momento no lo consideré. Tenía una lista de elementos necesarios para el ritual, como velas negras y un muñeco de cera o trapo. Durante una visita a una tienda esotérica para adquirir esos objetos, la propietaria, al enterarse de mis intenciones, me advirtió con seriedad: «Si haces eso para dañar a alguien, te retornará con mayor intensidad». Esa advertencia me hizo reflexionar y decidí renunciar a mi plan de venganza. Nunca más intenté hacer vudú a alguien ni emplear esos conocimientos para causar daño.

A los trece años, la figura del profesor D'Arbó, un reconocido hipnólogo español, capturó mi atención a través de un curso de hipnosis en vídeo que mi padre había adquirido. Me fascinaba la idea de poder reprogramar la mente mediante esta técnica. Devoré todos sus vídeos y pronto comencé a realizar mis propios experimentos, intentando hipnotizar a mis amigos. Puedes imaginarte la escena: cinco adolescentes de entre trece y quince años, sentados en fila con los ojos cerrados, mientras yo, de pie y con una voz grave, trataba de sumirlos en trance con mis palabras. Muchos acababan por quedarse dormidos, alguno hasta roncaba de lo relajado que se encontraba. Era curioso cómo me sentía lleno de confianza mientras les guiaba por los pasos hacia la hipnosis. Debía de parecer muy convincente, porque ninguno se resistía.

Mi interés por lo paranormal crecía día a día; seguía con atención el programa *Más allá* del doctor Jiménez del Oso, pionero en llevar estos misteriosos temas a la televisión española. Me volví un asiduo de las librerías esotéricas, y me pasaba horas hojeando sus libros. En una de esas visitas, encontré un mazo de cartas con ilustraciones algo anticuadas que, según decían, servían para predecir el futuro: era el tarot de Marsella. Estas cartas se usan principalmente para realizar predicciones futuras y obtener nuevas perspectivas de la vida. De repente, vi un mundo de posibilidades ante mí: ¡podría emplear el tarot para predecir mi futuro y tal vez hasta vivir de ello!

Ahorrando de mis pagas semanales, a los catorce años me hice con mi primer mazo de tarot y un libro para saber utilizarlo. Me sentía como un mago que acaba de adquirir su varita mágica. Al llegar a casa, me encerré en mi cuarto y, con gran ceremonia, desplegué las cartas sobre un pañuelo de seda negra que había comprado expresamente para guardarlas. Pasé semanas estudiando el significado de cada carta y practicando mucho conmigo mismo. Dos arcanos me fascinaban especialmente: el Mago y el Ermitaño. El primero simboliza el poder interior que todos poseemos y cómo emplearlo con sabiduría, mientras que el segundo representa la introspección y el conocimiento que se obtiene a través de la soledad.

Cuando me sentí listo, aunque no sin cierto nerviosismo, compartí con mis amigos mi nueva habilidad y les pedí que me permitieran practicar con ellos. Me rondaba la idea de dedicarme profesionalmente al tarot y de ganar dinero con ello si llegara a necesitarlo. Mis amigos, confiando en mí, accedieron a ser parte de este nuevo experimento, atraídos por la promesa de conocer su futuro. Pronto me di cuenta del impacto que podía tener al interpretar las cartas y de la responsabilidad que conllevaba. A pesar de que solo éramos jóvenes jugando, las lecturas que hacía podían afectarles emocionalmente, para bien o para mal, según las cartas que salían. Esta carga de responsabilidad me hizo reflexionar y decidí que no volvería a echar las cartas a otras personas. Aunque me apasionaba el tarot, comprendí que no sería mi camino profesional.

El trabajo llega a mi vida

Mientras tanto, mis años escolares pasaban de una forma aparentemente normal, aunque sin ningún tipo de aliciente académico y cada vez con más dificultad para enfocarme en los estudios. En mi mente estaba siempre presente la espada de Damocles, que me recordaba que en cualquier momento mi padre podría faltar.

Ese interés tan fuerte por trabajar comenzó pronto a dar sus frutos. A los trece años, mis padres instalaron un laboratorio fotográfico en casa para revelar fotografías médicas de varios hospitales madrileños. Este proyecto familiar buscaba aportar ingresos adicionales, y sentó las bases de lo que luego sería un pequeño negocio de fotografía médica liderado por mi madre y mi tía. Mi padre, que era muy aficionado, me enseñó las diferentes formas de revelar los antiguos carretes de fotos en papel, y comencé a ayudarle los fines de semana en casa. No era sencillo para mí pasar esos días encerrado en un cuarto apenas iluminado por una luz roja, procesando imágenes médicas, mientras mis amigos estaban en la calle jugando. Aunque me gustaba la fotografía, incluso de imágenes tan poco atractivas como el fondo de un ojo en blanco y negro, internamente anhelaba estar fuera divirtiéndome con mis amigos. Ese conflicto interior, esa rabia reprimida convertida en resignación, avivaba la llama de la distancia con mi padre.

Fue en esos años de cambio cuando empecé a interrogarme sobre el sentido de mi existencia y sobre mi lugar en el núcleo familiar. Me preguntaba constantemente: ¿Por qué tengo que pasar por esto? ¿Por qué tengo que ser el sostén de la familia si algo le sucede a mi padre? ¿Por qué tengo que ayudar en casa cuando lo que realmente deseo es estar jugando con mis amigos? ¿Por qué ellos no tienen que hacer lo mismo?

Siempre en silencio y sin contárselo a nadie, me debatía entre el David que debía trabajar por obligación y el David niño que se resistía a aceptar esa pesada responsabilidad. Mi mente se veía asediada por pensamientos que proyectaban un futuro sombrío y sin salida. Me gustara o no, estaba convencido de que, si mi padre faltaba, tendría que trabajar en lo que fuera.

Soñaba con ser mayor, con tener mi propia casa y una familia feliz. En esos momentos, «ser mayor» significaba tener treinta años; no podía imaginarme más allá. Pasé muchas noches llorando de impotencia, solo, en mi habitación, sin compartir mi sufrimiento con nadie. Mi familia y todo mi círculo social desconocían por completo mi turbulento mundo emocional. Guardé dicha carga en soledad hasta alcanzar esa edad crítica que me había marcado para ser adulto. Construí una fortaleza para proteger a mi niño interior herido, un refugio donde no permitía entrar a nadie. Aparentaba ser una persona cálida y amorosa por fuera, eso deseaba, pero la realidad era bien distinta: mi frialdad interior hacía que no pudiese entregar mi corazón a ninguna mujer.

Seguí ayudando a mi madre y a mi tía en la tienda de fotografía mientras iba pasando de curso escolar, hasta que el negocio cerró al poco de empezar la universidad. A los pocos meses, durante mi primer año de Ciencias Empresariales, en 1990, un amigo mayor que yo me propuso trabajar como comercial. Yo nunca había vendido nada, con veinte años me consideraba algo tímido y no entendía por qué me había ofrecido ese trabajo. Su respuesta fue que yo era una persona que caía bien a la gente y daba confianza… una confianza que para nada me creía. De hecho, sentía una gran inseguridad, pues nunca había trabajado de vendedor, pero no lo dudé dos veces y acepté. Jamás me he echado atrás ante ningún reto profesional que se me haya planteado a lo largo de la vida.

A comienzos de los años noventa comencé a vender semanas vacacionales llamadas «multipropiedad» o *time sharing*. Viajaba cada fin de semana a diferentes ciudades con un equipo de veinte jóvenes de distintas edades. Trabajaba doce horas en una sala enorme de hotel, frente a parejas que no querían comprar nada y cuyo único objetivo era llevarse una televisión de catorce pulgadas que solo conseguirían si adquirían las semanas vacacionales. Este empleo fue la mejor escuela que tuve a nivel comercial. Aprendí cuán sencillo es influir en las personas para que compren algo que, en principio, no desean. Alguien con una mente poco o nada entrenada y un cerebro que busca la satisfacción inmediata es una presa perfecta para un comercial que ha sido adiestrado en técnicas de persuasión con el fin de generar el deseo de comprar. En aquellos tiempos yo no sabía nada de neurociencia, ni del núcleo accumbens o botón del placer que tenemos en nuestro cerebro, que se activa cuando deseamos algo y que es difícil de apaciguar cuando está activo. Era un trabajo muy duro, de muchas horas, aunque muy divertido. Tanto es así que, tan solo dos meses después, para mi sorpresa, obtuve un premio al segundo vendedor del mes.

Dos años más tarde, en 1992, siete compañeros de trabajo y yo fundamos nuestra propia empresa de *time sharing*. Desafortunadamente, la gran crisis española de ese año hizo que nuestra empresa desapareciera a los nueve meses de haberla creado, dejándome un crédito a pagar por varios años y haciéndome volver a la casilla de partida.

Tras cerrar el capítulo de mi etapa emprendedora a los veintitrés años, trabajé durante una década en departamentos de marketing y ventas en el sector farmacéutico, primero en gigantes como Abbott y Pfizer, y más tarde en compañías de menor tamaño, terminando en una empresa familiar. Eran tiempos de aprendizaje constante, tanto profesional como personal, en los que me estaba forjando para lo que vendría después: mi incursión en el mundo del coaching a los treinta y siete años.

Paralelamente a mi carrera profesional de traje y corbata, vivía otro yo. Ese otro David vestía con vaqueros y camiseta y devoraba libros de autoayuda, se sumergía en cursos de reiki, numerología, astrología y gestión de las emociones, e incluso se aventuraba en los misterios de la psicología transpersonal. Fue un periodo de reconocimiento, de darme cuenta de que debía honrar a mi mago interior que cada vez demandaba más atención, equilibrio y coherencia entre lo que hacía y lo que mi conciencia me dictaba. Hubo momentos en que consideré dejarlo todo, porque mi trabajo ya no resonaba con mis convicciones más profundas.

Este dilema fue el caldo de cultivo para mi crecimiento y fortaleza interior. Y entonces, el coaching apareció en mi vida en 2007. Fue un encuentro con mi destino, el que siempre había deseado aun sin saber que existía esta profesión como tal. Ya en la formación, supe que estaba destinado a ayudar a otros a alcanzar sus metas y disfrutar de una vida más plena. Más de quince años y cinco mil horas de práctica profesional de coaching, y miles de alumnos en mis cursos, me han confirmado que los límites humanos son apenas una ilusión. Con el enfoque mental adecuado y la determinación de mantenerlo, lo imposible se vuelve posible.

Aunque había avanzado mucho, nunca he dejado de aprender nuevas herramientas que me ayudasen a evolucionar. En el

2010, comencé a practicar con diferentes técnicas de enfoque mental que me enseñaron a programar mis metas en mi subconsciente de un modo totalmente nuevo. Esta práctica me trajo éxitos notables, logrando lo que me proponía más rápido de lo que imaginaba. Estas técnicas, más otras que fui incorporando después, han sido fundamentales en mi desarrollo y son las que compartiré contigo a lo largo de este libro.

En el 2014, tuve la oportunidad de sumergirme en un curso intensivo de neurociencia aplicada al mundo empresarial. Esto no solo me brindó una perspectiva científica sobre el coaching y las técnicas de enfoque mental que ya eran parte de mi rutina, sino que también me permitió conectar dos mundos apasionantes: la neurociencia y el entrenamiento mental. Descubrí un tesoro de investigaciones que destacan los beneficios de la meditación y otras prácticas para la mente y el bienestar integral.

Armado con este nuevo conocimiento, creé en 2015 el programa NeuroFocus System©, un modelo que integra las técnicas que había practicado durante años con los sólidos fundamentos neurocientíficos que luego pude estudiar. Desde su introducción, he visto como este programa ha permitido a innumerables personas afinar sus mentes para alcanzar sus metas con gran determinación.

El Club de las Mentes Enfocadas es producto de un sueño gestado hace diez años que vio la luz en 2022. Imaginé un club selecto donde personas con la firme intención de potenciar sus mentes pudieran reunirse. Hoy ese sueño es una realidad, accesible en mi web para todo aquel que decida sumarse a él.

Este libro representa la culminación de esa visión, el tesoro más preciado de esta aventura.

No puedo olvidarme de los maestros espirituales que me han guiado cuando más los necesité. Su sabiduría ha sido crucial y se refleja en estas páginas. Hablaré de ellos porque forman parte importante de este libro.

Así logré, en cierto modo, convertirme en un tipo diferente de mago: uno que forja su propio destino. Es un destino que me he labrado y que vivo con alegría al lado de mi familia y junto a ti, que me has seguido hasta este punto y ahora sostienes este libro. Con él, espero que descubras y emplees los poderes que siempre han residido en ti, para que moldees con ellos un presente y un futuro a la altura de tus mayores deseos.

Noviembre de 2023

1

EL TRIÁNGULO DE PODER: LA ATENCIÓN, LA CONCENTRACIÓN Y EL ENFOQUE CONSCIENTE

> La atención plena no es difícil ni compleja; lo difícil es acordarse de prestar atención plena.
>
> Christina Feldman

2015: el año en el que experimenté el poder de la atención plena

Corría el año 2015 y la vida me estaba llevando por un apasionante camino hasta ahora desconocido para mí. El año anterior, en una de las formaciones de Experto en Coaching en las que impartía un módulo formativo, surgió el amor en clase. No quiero que pienses mal, siempre fui y sigo siendo, un profesor cercano, neutro y profesional que entrega todo lo que sabe del coaching a sus alumnos, pero esa vez fue diferente. Llámalo destino, casualidad, sincronicidad o simplemente amor a primera vista, pero una alumna llamada Blanca aterrizó en mi corazón de una forma suave y natural, encajando a la perfección como si de un guante de seda se tratase. El amor fue tan grande por ambas partes que al poco tiempo ya fijamos fecha para nuestra boda a finales del 2015.

A primeros de ese año supe de un curso semestral de Mindfulness y Autocompasión que impartía el doctor Vicente Simón, uno de los pioneros en introducir el mindfulness en España y autor de varios libros destacados sobre esta temática. Decidí inscribirme en ese programa MSC y fueron seis meses muy enriquecedores, en que aprendí determinadas técnicas de meditación para cultivar la compasión hacia uno mismo y hacia los demás.

Al completar el curso en junio, sentí que había llegado el momento de hacer un retiro intensivo de meditación Vipassana, idea que hacía tiempo rondaba mi cabeza. Hay muy pocos sitios en España para realizar ese tipo de retiros prolongados y llamé a varios centros buscando plaza para agosto, pero lamentablemente estaban todos completos. Un poco desanimado al ver frustradas mis expectativas, hice una última búsqueda en internet y apareció una web budista que anunciaba un retiro de once días en Andalucía. Consulté rápidamente confirmando disponibilidad y sin dudarlo un instante hice mi reserva.

Nunca había asistido a un retiro de meditación Vipassana y menos hacerlo con una congregación budista en donde la persona que impartía el retiro era un monje español, el Venerable Lobsang Zopa. Todos teníamos que entregar el primer día el móvil apagado y salvo un caso de extrema urgencia, estaba prohibido su uso. El conocimiento que tenía hasta la fecha del budismo era muy superficial y nunca había realizado la técnica meditativa Vipassana, aunque sí la meditación poniendo la atención en la respiración (Anapanasati). Con mucha ilusión, como un niño que se va de aventura, hice la maleta con el cojín de meditación y una esterilla de gimnasia, dispuesto a meterme de lleno en un retiro de once días donde estás meditando sentado y caminando durante todo el día en silencio. El tiempo máximo que yo utilizaba en mis ejercicios de enfoque mental era de media hora a cuarenta cinco minutos diarios. Para serte sincero, lo veía todo como algo novedoso por descubrir y hacía mucho que no me sentía tan entusiasmado. Los dos primeros días resultaron duros, no tanto porque mi mente parecía una jaula de monos enloquecidos, sino por las molestias físicas de mantener la postura en el cojín hora tras hora. Aun así, me hice la firme promesa de no abandonar la posición meditativa salvo que las molestias aumentasen al nivel de dolor. El cuerpo tiende a la pereza y quiere moverse cuando se le somete mucho tiempo a una misma postura. De ahí que haya que educarlo, para que obedezca nuestras directrices y no al revés. Menos mal que «sarna con gusto no pica», reza el dicho.

Imagina la escena: primeros de agosto, en plena serranía de Sotogrande (Málaga), alojados en un antiguo cortijo de la Junta de Andalucía adaptado con varios barracones para dormir, con capacidad para unas veinte personas en literas cada uno y por supuesto sin aire acondicionado, y dos cuartos de baño para todos. La sinfonía nocturna de ronquidos era tal que me tuvieron que dejar unos tapones para conciliar el sueño los primeros días. Cada día sonaba el Gong a las 6:00 horas de la mañana, te vestías e ibas a hacer la primera meditación del día de casi una hora de duración. Todavía era de noche, casi al amanecer y las preciosas estrellas que iluminaban el cielo nos daban los buenos días con su luz tintineante. ¡Era feliz!

La sala donde el Venerable Zopa impartía el retiro no era muy grande, como un rectángulo de 7 x 15 metros. Fue complicado meter dentro a las más de cuarenta personas que asistían como yo al retiro. Estábamos como sardinas en lata y apenas tenía espacio para poner mi cojín. Hizo el tiempo que se esperaba en Málaga en agosto, o sea, bastante calor y las moscas se afanaban en perturbar nuestra meditación.

Así comencé una nueva etapa en mi entrenamiento mental. Me enamoré de la meditación en la atención plena magistralmente explicada por el maestro Zopa y descubrí lo importante que son la atención en el presente y la concentración. Los once días pasaron rápido y procuré guardar silencio todo el tiempo, lo más difícil de mantener. Me hubiese quedado unos cuantos días más.

Todas las noches, después de cenar y de un largo día meditando, el maestro Zopa impartía durante dos horas, unas enseñanzas budistas sobre la mente que me volvieron del revés. Eran el postre perfecto tras un día de meditación, lo esperaba con la mente abierta y en «modo esponja» para absorber hasta la última palabra del maestro. Entendí que el universo es mente y a la vez lo estaba experimentando en cada meditación de las muchas que teníamos cada día. Que nuestra percepción de la realidad no es como parece, al ser una ilusión creada por la mente con los pensamientos (muy parecido a lo que postula la física cuántica en cuanto a la naturaleza de la realidad) y que todo es impermanente y transitorio, todo está sujeto al cambio en el universo y en nuestras vidas también. Pude entender por qué los neurocientíficos están haciendo tantos estudios sobre la meditación. La mente, aunque es etérea, necesita de un órgano en el cuerpo para actuar y ese es el cerebro. Cuando entrenas la mente, estás entrenando el cerebro.

Para mí, Buda semejaba un neurocientífico que experimentó en primera persona con su mente y cerebro hasta llegar al nivel más elevado que puede alcanzar un ser humano, ¡y nos dejó la hoja de ruta para hacerlo nosotros si queremos!

Aquel primer retiro marcó un punto de inflexión en mi vida, no solo por la transformación que provocó en mi forma de pensar y de entrenar la mente, sino también por el encuentro con Lobsang Zopa. Dicen que cuando el discípulo está preparado, el maestro aparece. Así ha ocurrido siempre en mi camino, aunque a muchos no he tenido el honor de conocerlos en persona y accedía a su sabiduría por medio de sus libros y legados. Pero no fue este el caso, Zopa era de carne y hueso. Alguien que invirtió más de quince años en la exploración profunda de la mente, tanto por experiencia directa como por el estudio de los antiguos textos budistas a los que solo se accede en el monasterio donde él vivió esos años. Se convirtió desde entonces en mi maestro de meditación durante estos últimos ocho años. A lo largo de dieciséis retiros de meditación Vipassana a su lado, he podido beneficiarme de su vasto conocimiento y bondad excepcional.

En cada uno de los retiros mi mente se fue expandiendo gracias a las muchas horas de meditación acumuladas desde entonces, así como a ese conocimiento profundo, desvelado por Zopa en cada nueva ocasión, que me ha ido calando despacio, formando la base de lo que ahora entiendo por consciencia y presencia. Y aunque sé que lo aprendido es solo la punta del iceberg, cada paso en este viaje ha sido crucial para mi crecimiento personal. Como él mismo bien señala: «el budismo tiene un 98 % de estudio de la mente y solo un 2 % de rituales religiosos».

Pero todavía me aguardaba una última sorpresa en el retiro. En una de las meditaciones de los últimos días, apareció por mi mente, como si de una alucinación se tratase, un triángulo formado por seis palabras clave que siempre recordaré: atención consciente, concentración consciente y enfoque consciente. Fue entonces, cuando se me encendió la bombilla y entendí que, para tener un buen enfoque mental con nuestras metas y un claro propósito, era necesario primeramente seleccionar el objetivo con atención y posteriormente mantener ese objetivo en mente mediante la concentración el tiempo que fuese necesario para conseguir el propósito y valores del objetivo. Esto que parece trivial y lógico, lo sentí al tiempo que lo integré en mi mente y entendí mucho mejor por qué había conseguido tantas metas en el pasado y el porqué de otros fracasos sonados.

Era imprescindible tener una buena atención dirigida, porque sin ella no hay concentración ni enfoque correcto. La base de todo entrenamiento mental es la atención, y voy más allá, me atrevería a decir que es la base de la vida. Este triángulo fue la chispa que encendió la mecha de mi curso NeuroFocus System©.

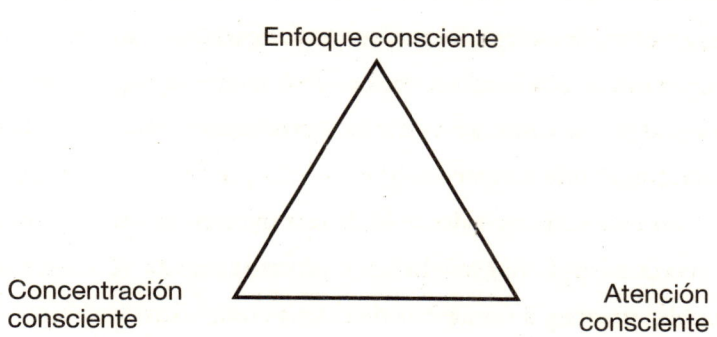

Vamos a explorar este fascinante triángulo del poder y cómo podemos aprovecharlo al máximo, ya que son los pilares que sostienen la estructura de una mente enfocada y entrenada para el éxito.

El poder de la atención

«Una experiencia solo se convierte en experiencia como tal, si está mediada por la atención», eso decía de la atención el psicólogo William James, al que consideran el padre de la psicología en Estados Unidos. Cuando no estás atento a lo que vives, es como si no lo hubieses vivido, porque donde está tu atención está tu realidad, tu conciencia. Este gran psicólogo fue pionero en el estudio científico de la atención a finales del siglo XIX y se interesó en gran medida en descifrar el funcionamiento de nuestra capacidad para enfocarnos selectivamente.

Si yo te preguntara: «¿Cuántas horas del día has prestado verdadera atención a lo que estabas haciendo sin distracción alguna?». Déjame que lo adivine… ¿una hora en total, dos a lo sumo? No quiero deprimirte, de hecho, estás leyendo este libro porque estoy convencido de que deseas aumentar ese tiempo para poderlo emplear en cosas más productivas y que te permitan disfrutar más del presente.

Hoy nuestra atención se ha convertido en un recurso escaso y valioso que muchos buscan explotar comercialmente. Ya no somos vistos como personas, sino como consumidores de apps, redes sociales y plataformas digitales. Es el tiempo que dedicamos a estas, el que se traduce en dinero para esas compañías. Por eso tantos likes, visualizaciones y clics se monetizan. ¡Las empresas se pelean por captar tu atención! Piensa en cuántos anuncios ves cuando navegas diseñados justo para atraparte. O titulares de noticias que te tientan a hacer clic. Toda la economía digital gira en torno a conseguir tu atención.

Claro, ante tanta distracción del mundo digital 24/7, tu atención termina dispersándose sin control alguno. Y ¿cuál es el resultado? Terminas con la mente agotada, incapaz de concentrarte plenamente en nada. Hemos perdido la musculatura cerebral y mental que nos da la atención sostenida. Debemos recuperar nuestra atención secuestrada para retomar el control de nosotros mismos en esta era digital.

Desde hace milenios se ha estudiado la atención, sobre todo en el mundo oriental, aunque ya los grandes filósofos de la Antigüedad sabían de su importancia para dominar los pensamientos. ¿Recuerdas el mito de la caverna de Platón? Visto desde esta perspectiva, este mito presenta la metáfora de la caverna para ilustrar cómo el ser humano tiende a enfocar su atención y confundir las sombras proyectadas con la realidad en sí. Mientras nuestra atención esté en las sombras, no seremos capaces de percibir otra cosa. Nuestra liberación viene cuando desplazamos el foco atencional hacia una realidad más profunda.

En este punto, vamos a estudiar primero la atención desde el punto de vista de la psicología moderna para después meternos en la atención plena o mindfulness. La atención desde la neurociencia la veremos con más profundidad en el próximo capítulo sobre el cerebro. Dada la importancia de este factor mental en nuestras vidas, considero muy importante conocer las dos aproximaciones y las diferentes técnicas que hay para desarrollar esta habilidad, ya que nos ayudarán a tener un mejor enfoque en nuestros objetivos, además de vivir una vida más plena.

La atención desde la psicología moderna

La atención es una de las habilidades que tiene la mente para enfocar nuestra conciencia en estímulos concretos, ya sean pensamientos, sensaciones físicas, sonidos, objetos, etc. Si tenemos una buena atención, esto nos permitirá absorber la información de forma más eficiente. Si intentáramos procesar toda la información sensorial simultáneamente, casi con total seguridad nuestra capacidad mental se vería sobrepasada. La atención es como un filtro, seleccionando lo que es importante y descartando lo que no lo es.

También podemos definir esta habilidad atencional en relación a la capacidad y práctica con que realizamos una tarea concreta. Lo cual nos indica que el nivel de desempeño en algo que realizamos es directamente proporcional al nivel de atención que ponemos en eso que hacemos. Cogiendo la definición de los neurocientíficos Postner y Rothbart, «la atención proporciona el mecanismo que subyace a nuestra conciencia del mundo y a la regulación voluntaria de nuestros pensamientos y sentimientos». En definitiva, el modo en el que usamos esta habilidad va a determinar lo que vemos en nuestra realidad.

Hay varios tipos de atención

- **Atención selectiva:** Es la capacidad de enfocarte en un estímulo ignorando otros distractores. Esta atención es crucial para estas funciones:

  o **Lectura:** Enfocarte en el texto del libro desechando los ruidos del ambiente.
  o **Aprendizaje:** Atender a lo que explica el profesor en vez de divagar.
  o **Trabajo:** Concentrarte en la tarea importante sin distraerte con notificaciones de cualquier tipo.

La atención selectiva depende de tus filtros de percepción que tiene el cerebro y que destacan informaciones sensoriales importantes y minimizan las irrelevantes. Esto ocurre principalmente en la corteza prefrontal (te lo explico en el próximo capítulo). Estos filtros no son perfectos, a veces puedes dejar pasar cosas que te distraen o te sobreenfocas en cosas poco útiles. Aquí te dejo algunas claves para mejorar la atención selectiva:

o Identifica tus principales distractores y elimínalos de raíz cuando requieras un foco intenso. Por ejemplo, silencia el teléfono móvil, tu bandeja de entrada de correos y cualquier otro potencial distractor que puedas tener.

o Haz una «limpieza sensorial» antes de tareas que te vayan a demandar mucha atención: ordena tu mesa de trabajo, minimiza ruidos de fondo, etc.

o Entrena regularmente tu foco con ejercicios como buscar diferencias en imágenes que parecen idénticas pero no lo son.

o Refuerza mentalmente tu intención de poner atención solo en los estímulos que sean importantes para tus objetivos. La autosugestión es una herramienta muy poderosa.

Si tienes paciencia y constancia, estos hábitos se convertirán en una aguda atención selectiva.

- **Atención sostenida:** Es la capacidad de mantener la atención en una tarea durante periodos prolongados sin decaer ni distraerte. Requiere de un esfuerzo deliberado para evitar las distracciones internas o externas. Esta función ejecutiva es fundamental para muchas de las tareas que hacemos a diario: meditar treinta minutos, leer un libro, estudiar para un examen, realizar un informe complicado, ver una película, asistir a una conferencia, practicar un deporte, o hacer un rompecabezas, entre otras cosas. Cualquier objetivo que requiera dedicación enfocada durante horas, días o semanas va a depender fuertemente de nuestra capacidad de mantener la atención sostenida (concentración y enfoque).

Si bien nos podemos hiperenfocar en temas que nos despiertan mucho interés, como los hobbies, mantener la atención de forma intencional en tareas menos motivadoras, pero igual de importantes, suele representar un gran desafío para tu mente automática. Aquí es donde hay una marcada diferencia entre los que son aficionados y los expertos. ¿A qué me refiero? Mientras los primeros dependen del entusiasmo fugaz que te da la motivación inicial y acaban abandonando rápidamente, los segundos forjan su fortaleza mental con constancia y tenacidad sabiendo que la recompensa a largo plazo merecerá la pena.

Esta atención es la que vamos a desarrollar cuando entrenemos nuestra mente, requerirá de mucha paciencia y autocontrol. Lo importante es no rendirte. Si eres capaz de fortalecer esta atención verás los beneficios tan grandes que te llevarás. Decía William James que lo que define a un genio es su facultad para mantener una atención sostenida, ¡y no se equivocaba!

- **Atención alternante:** También llamada atención dividida o multitarea, es la capacidad de mover el foco de la atención entre varias tareas de manera rápida y flexible. Sus puntos fuertes son:

  o Permite a la mente «saltar» entre tareas, por ejemplo: tomar apuntes mientras escuchas una clase, o mantener una conversación mientras estás cocinando.

  o Depende fuertemente de la habilidad de ser mentalmente flexible para saltar entre reglas, representaciones mentales y conceptos diferentes.

  o Requiere que tengas en mente las metas u objetivos principales de cada tarea pendiente para definir hacia dónde dirigir el foco de la atención en todo momento.

  o Es una función ejecutiva importante para la productividad, pero si abusas puede generarte sobrecarga cognitiva, estrés y agotamiento mental por exceso de estímulos a procesar.

  o Un estudio de la Universidad de Stanford[1] sugiere que solo un 2 % de la gente puede realmente hacer multitarea de forma efectiva. La mayor parte de la gente sufre pérdida de concentración y aumenta su probabilidad de cometer errores.

Es recomendable que no fuerces la atención alternante si quieres mantener un foco profundo en una tarea muy importante. Mejor es enfocarte por periodos en una cosa a la vez, como por ejemplo usando la técnica «Pomodoro» de los 25 minutos haciendo una sola tarea y cinco minutos descansando.

Este tipo de atención si está bien empleada potencia la productividad, pero también puede ser una trampa que disperse tu concentración si caes en un exceso de estímulos. La clave es que dosifiques esta habilidad con equilibrio.

La atención plena desde la contemplación

La primera vez que escuché y experimenté las palabras «atención plena», «aquí y ahora», «vivir el presente», «presencia» y «observador» fue de la mano de otro gran maestro que iluminó mi camino en el 2002: Eckhart Tolle y su increíble libro *El poder del ahora*.

En aquella época yo vivía en Barcelona y era el responsable comercial de un proyecto llamado Medifusión, en una empresa informática dedicada al sector farmacéutico y hospitalario. Un año antes me había ido de la multinacional Pfizer tentado por este nuevo proyecto empresarial. En esa etapa estaba haciendo un trabajo personal intenso y me encantaba frecuentar librerías en busca de títulos sobre esta temática.

Un sábado por la tarde, paseando por el centro de Barcelona, entré en una gran librería y fui directo a la sección de autoayuda. Mientras hojeaba distintos volúmenes sin que ninguno me llamara mucho la atención, de repente vi asomar un trozo de tapa amarilla que sobresalía mínimamente detrás de otro libro. Me atrajo enseguida ese color. Saqué el libro y su título me impactó al instante: *El poder del ahora*, aunque desconocía quién era el autor. Algo en mi interior me indicó claramente que debía comprarlo, y así lo hice, con la firme intención de empezar a leerlo esa misma noche. Y efectivamente cumplí ese propósito: aquella noche comencé el libro... y ya no pude parar. Fue mi primer contacto con los conceptos de «estar presente» y el «aquí y ahora». El contenido resultaba muy denso, requiriendo releer ciertos párrafos dos o tres veces para captar adecuadamente las ideas profundas que hay en el libro. Para Eckhart Tolle, la mayoría de nuestro sufrimiento se origina cuando asociamos nuestra identidad a la mente pensante, cuando él considera más bien que nuestro verdadero yo es la consciencia pura que se halla debajo del dialogo mental como un observador que no te juzga.

Me sentí tan identificado con lo que exponía en el libro, en concreto con el ego, la mente pensante, que su lectura significó toda una revelación para mí. En ese momento, Eckhart Tolle encendió con sus enseñanzas una luz en regiones de mi mente que habían permanecido oscuras u olvidadas en el pasado. Fue similar a cuando Neo, en la película *Matrix*, recibe de golpe una descarga de conocimiento directo en su cerebro que le permite pilotar un helicóptero al instante. De pronto, tienes acceso fluido a un nuevo conocimiento para aplicar en tu vida. Al terminar de leerlo, releí el libro entero nuevamente y comencé a practicar el estar presente durante tareas cotidianas y en actividades físicas.

Pasaron muchos años hasta que asistí a mi primer retiro de meditación y mi concepto de la atención plena cambió por completo, tal como comenté al inicio del capítulo. Mi experiencia meditativa durante aquellos once días fue evolucionando progresivamente. Los primeros días fueron de sorpresa al escuchar constantemente mi parloteo mental interno, como una cacofonía. Me impresionaba darme cuenta de la cantidad de pensamientos absurdos que ocupaban mi conciencia. El silencio es una de las mejores técnicas de introspección, y al combinarse con la meditación sostenida, sin ninguna distracción externa, esto amplificaba el torrente de diálogos inconexos y poco productivos que mi mente generaba incesantemente.

Con el paso de los días, sin teléfono móvil ni contacto con el exterior, mi mente se fue aquietando gradualmente y empecé a disfrutar de aquellas meditaciones en que estaba completamente absorto en mi respiración, con la mente prácticamente en silencio. Eran estados de quietud contemplativa que me permitían estar plenamente en el aquí y ahora, sin juzgar nada, simplemente estar presente. El tiempo libre que teníamos después de comer lo empleaba en pasear y contemplar la naturaleza, o en sentarme en el patio del cortijo con un café y simplemente observar el momento presente. Tenía mucha más atención a todo lo que pasaba a mi alrededor, pero no me apegaba a nada. Mi cuerpo, al ir relajando la mente día tras día, también se destensó y se volvió mucho más flexible, lo cual hizo que fuese más llevadera la postura meditativa. Si me permites un consejo, el día que decidas comprar un cojín de meditación (zafú), opta por el material miraguano, una fibra vegetal suave tipo algodón que se utiliza para rellenar estos cojines. Hay otro material de relleno, a base de semillas, que aunque también se usa en los zafús, desde mi experiencia no es recomendable para retiros muy extensos. En mi caso, yo tenía un cojín de meditación relleno de semillas. Debido a la mayor sensibilidad que adquirí en el cuerpo después de mucho tiempo sentado meditando, particularmente en la zona del culete por el contacto directo con el cojín, llegué a volverme tan sensible que podía sentir cada una de esas pequeñas semillas clavándose en la parte trasera de mi cuerpo.

Cuando llegó el último día una parte de mí no quería terminar porque era consciente de que en la vida diaria ya no iba a poder seguir con ese ritmo de entrenamiento. Además, habíamos estado en una burbuja aislados del exterior y con muy pocos estímulos que activasen la mente pensante. Cuando me entregaron el móvil, estuve varias horas sin encenderlo, consciente de la cantidad de mensajes que estarían esperando a que mi preciosa atención les hiciera caso. Comenzar a hablar también se me hizo raro, no quería romper ese estado de quietud y silencio que me permitía estar presente, pero sabía que el mundo «real» me esperaba y ahora tenía nuevas herramientas para poder abordarlo con más presencia y equilibrio. Al salir en coche del cortijo de vuelta a Madrid, me hice otra de mis promesas sagradas: al menos tenía que realizar un retiro al año. Hasta la fecha he cumplido con creces.

Por lo general, no somos conscientes de la gran cantidad de pensamientos que pululan descontroladamente en nuestra mente a diario. Cuando vas a un retiro de meditación y practicas dejar pasar esos pensamientos sin apegarte a ellos, entiendes bien por qué la mayoría de las personas sufrimos: debido a que ponemos nuestra atención en ciertos pensamientos negativos en lugar de en otros. Todos ellos compiten por tu atención, al igual que las empresas de consumo, tal y como comenté al inicio del capítulo. Por ello, me he permitido introducir algunos conceptos básicos sobre la atención plena y la concentración desde la perspectiva budista, abordando apenas la punta del iceberg de estos factores mentales que tanto han influido en el mindfulness contemporáneo.

El concepto de «atención plena» o mindfulness tiene sus raíces en tradiciones contemplativas orientales antiquísimas, especialmente en el budismo. Tenemos que remontarnos a las enseñanzas de Buda hace 2.500 años sobre el desarrollo de la «atención correcta» para liberarse del sufrimiento a través de observar e investigar la realidad tal cual era. Buda recalcó en multitud de ocasiones que la atención, «sati» en pali, debe ser desarrollada para tener una clara comprensión y visión profunda de la realidad. La visión budista entiende la mente como un flujo incesante de procesos mentales condicionados que suelen estar automatizados. Estamos generalmente en piloto automático, reaccionando a los estímulos sensoriales de forma irreflexiva según nuestros hábitos. Cuando la atención se mueve de un lado al otro sin ancla al momento presente, nos dejamos arrastrar por pensamientos sobre el pasado o el futuro que nos saturan y estresan. Es aquí donde la atención plena cumple su rol liberador al permitir que salgamos del piloto automático y observemos con mayor objetividad y desapego todo lo que pasa por la mente.

No obstante, el término mindfulness, como se conoce hoy en día, fue acuñado en 1979 por el médico y biólogo molecular Jon Kabat-Zinn. Él diseñó el programa MBSR (Reducción de Estrés Basada en la atención plena) en la Universidad de Massachusetts. Un protocolo clínico pionero de ocho semanas que enseñaba meditación budista a pacientes con dolor para ayudarles a mejorar sus síntomas. Los resultados fueron tan positivos que sentaron las bases de las miles de investigaciones científicas sobre los efectos terapéuticos del mindfulness que llegarían después.

Son tantos los estudios científicos que hay sobre esta disciplina que es imposible mencionarlos, pero te voy a recomendar un libro que el maestro Zopa me regaló en un retiro Vipassana en el 2019. El libro en cuestión se titula *Cerebro y meditación: Diálogo entre el Budismo y las Neurociencias,* del monje budista y biólogo molecular Matthieu Ricard y el neurocientífico Wolf Singer. El libro plantea una serie de temas que se encuentran en la intersección de la ciencia y la espiritualidad, en particular, cómo la meditación y las prácticas contemplativas afectan el cerebro y la conciencia. Otro libro recomendable al 100 % si quieres profundizar en la neurociencia de la meditación.

La atención plena o mindfulness pone un énfasis especial en ciertos aspectos de la atención que la diferencian sutilmente del concepto estándar de atención:

- Se enfoca sobre todo en el aquí y ahora (estar presente), no tanto en obtener metas.
- Es una atención receptiva más que activa, de observador ecuánime y tranquilo.
- No busca juzgar, analizar, categorizar o evaluar lo observado.

Por tanto, cuando hablamos de «atención plena» nos estamos refiriendo a esa facultad mental entrenable de enfocar la atención de manera intencional en el momento presente sin juzgar la experiencia, así como al conjunto de prácticas diseñadas para desarrollar esta habilidad tan importante. No sería justo mencionar todas las técnicas mentales del mindfulness, sin mencionar cual es la fuente milenaria de donde han salido.

Según las enseñanzas budistas, Buda definió lo que se conoce como los Cuatro Fundamentos de la Atención Plena. Estos son:

- **Atención al cuerpo (Kayanupassana):** Implica estar consciente de nuestro cuerpo y sus movimientos. La respiración, por ejemplo, es un objeto común de mindfulness, en que se presta atención a la inhalación y exhalación.
- **Atención a las sensaciones (Vedananupassana):** Esto se refiere a ser consciente de las sensaciones agradables, desagradables y neutras que experimentamos en el cuerpo.
- **Atención a la mente (Cittanupassana):** Aquí, la atención se dirige a la propia mente, observando los diferentes estados mentales (pensamientos, sentimientos, emociones, etc.) que surgen y se desvanecen.

- **Atención a los fenómenos (Dhammanupassana):** Se trata de una observación más profunda de nuestras experiencias y de cómo estas se relacionan con las enseñanzas budistas.

Estos cuatro fundamentos de la atención plena permiten cultivar una presencia serena, sabia y compasiva ante lo que está ocurriendo en el momento presente, según las enseñanzas de Buda. Está claro que Jon Kabat-Zinn, desde su gran conocimiento de esta filosofía y practicante habitual de estas técnicas milenarias, supo amoldarlas al trepidante ritmo de vida occidental de forma parcial pero muy efectiva, lo suficiente para que la persona que practica mindfulness experimente cambios muy positivos en su salud y percepción de la realidad.

Las técnicas más utilizadas para practicar mindfulness son:

- **Meditación basada en la respiración (anapanasati):** Sentado en tu cojín o en una silla con la espalda recta, pones la atención en las sensaciones de la respiración. Observas, sin juicio, la entrada y salida del aire de tus fosas nasales o el movimiento del abdomen. Es la mejor técnica para calmar la mente y llevarnos al momento presente. Es una de las que más practico desde que comencé a asistir a los retiros del maestro Zopa.
- **Body Scan o escáner corporal:** Es un barrido secuencial y metódico por las diferentes partes del cuerpo prestando cuidadosa atención a las sensaciones que surgen en cada

zona sin intentar cambiarlas. Estás sentado en tu cojín o en una silla con la espalda recta. En la práctica budista se llama Vipassana y es otra de las principales técnicas que se practican en los retiros de meditación Vipassana.

- **Meditación en la observación de los pensamientos:** Sentado en tu cojín o en una silla con la espalda recta, esta técnica consiste en observar tus pensamientos como si fueran nubes pasando por el cielo u hojas flotando en un río. Aquí no te involucras con los pensamientos ni los juzgas, simplemente los observas venir y pasar.

- **Meditación caminando:** Esta técnica implica estar plenamente consciente mientras caminas, prestando atención a las sensaciones de tus pies tocando el suelo, el ritmo de tu paso y tu respiración. Ayuda a cultivar la atención plena en actividades cotidianas, calma la ansiedad y clarifica la mente. Es otra de las técnicas que se practican en los retiros de meditación Vipassana.

- **Meditación de escucha consciente:** Sentado en tu cojín, o sentado con la espalda recta, prestas plena atención a todos los sonidos que te rodean sin elegir ni agarrarte a ninguno. Te permite agudizar y aquietar simultáneamente la mente. Es útil para potenciar la concentración.

- **Atención Plena en las actividades diarias:** Esta práctica implica que lleves la atención plena a las actividades cotidianas como comer, lavarte los dientes o ducharte. Se trata de concentrarte completamente en la tarea en lugar de hacerla de manera automática o distraída.

- **Meditación de Metta o Amor Bondadoso:** Estando presente, cultivas sentimientos de amor y bondad hacia ti mismo y hacia los demás. Repites mentalmente frases de buenos deseos y compasión, primero hacia ti mismo y luego expandiéndolo hacia los demás.

- **Práctica de Consciencia sensorial:** Te enfocas en prestar atención a los sentidos: lo que ves, oyes, hueles, saboreas y tocas. Por ejemplo, puedes practicar la atención plena al comer (*mindful eating*), notando realmente los sabores, texturas y aromas de la comida.

- **Meditación en la Compasión:** Es similar a la meditación de Metta, aunque esta técnica se centra en que desarrolles sentimientos de compasión y empatía hacia ti mismo y hacia los demás, incluso hacia aquellos con quienes puedes tener dificultades.

Y hay alguna más, pero esa investigación te la dejo a ti, si quieres profundizar en el mindfulness.

Los beneficios de practicar a diario la atención plena son increíbles y cubren todas las áreas de tu vida: Se reduce tu estrés, alarga los telómeros de tu ADN, mejora tu concentración y atención en todo lo que haces, tu salud mental mejora, aumenta tu autoconsciencia, disminuye la presión arterial, mejora el sueño, alivia el dolor, aumenta tu creatividad, mejora tus relaciones con otras personas y contigo mismo, aumenta tu desarrollo espiritual, etc.

No es necesario que practiques todas las técnicas que acabo de mencionar, si cogieses una, como por ejemplo la Meditación basada en la respiración y la repitieses a diario, tu vida al poco tiempo comenzaría a transformarse. Como ya te he dicho, todo es cuestión de constancia, tenacidad y paciencia.

Aunque hagas una o varias de estas técnicas antes mencionadas, recuerda que siempre puedes practicar la atención hacia el momento presente y esa actitud de no apego en cualquier momento del día. Las técnicas repetidas a diario nos ayudan a crear poco a poco el hábito de prestar más atención a todo lo que nos rodea.

Déjame hacer un pequeño inciso antes de que se me olvide: ¿Alguna vez te ha sucedido que lees un libro, crees haberlo comprendido bien, pero luego, pasado un tiempo, te das cuenta de que ahora sí has captado su verdadero significado? Eso me pasó con el libro *FOCUS* del famoso psicólogo americano Daniel Goleman, que publicó en el 2013 y que como puedes imaginarte, atrajo de inmediato mi atención. De este libro, que leí con mucho interés, recuerdo que Goleman comentaba que el cerebro no está cableado para la multitarea, sino que está optimizado cuando se enfoca en una sola tarea a la vez. Definía tres tipos de atención: la atención interna que nos orienta hacia nuestra intuición y decisiones morales, la atención en los demás que potencia nuestra empatía, y la atención hacia el exterior que nos permite ir por el mundo de manera eficaz. Pues bien, no entendí de verdad el gran aprendizaje que nos daba en su libro hasta que comencé a entrenar a diario la atención plena después de mi primer retiro, porque comencé a desarrollar sin darme cuenta los tres tipos de atención que Goleman comentaba.

En el código QR que encontrarás al inicio del libro, tienes algunas de las técnicas organizadas por capítulos para que puedas comenzar ahora mismo a entrenar tu atención, concentración y enfoque consciente sobre tus metas. Estas herramientas son las que yo uso a diario desde hace años y puedo decir que al menos a mí me funcionan. Verás que son sencillas, el reto será la constancia diaria.

Trabajando la atención para enfocar los objetivos

Te estarás preguntando cuál de todas estas técnicas que he mencionado te puede ser útil para conseguir tus objetivos. Acabas de empezar como quien dice este libro y ya te he presentado nueve técnicas de meditación para trabajar la atención plena y otras tantas técnicas para mejorar los diversos tipos de atención definidos anteriormente.

Cuando nos fijamos un objetivo, el que sea, la atención es necesaria para poder elegirlo correctamente. Por eso es tan importante que entrenes de base tu atención. ¿Cuántas veces en tu vida, por estar disperso, has elegido un objetivo que luego no era lo que deseabas? ¿A que sí? Tranquilo, en otro capítulo te enseñaré la metodología que yo uso para definir mis objetivos.

En lo personal, la técnica que principalmente uso a diario desde hace años para trabajar la atención es la que te he recomendado antes: la meditación basada en la respiración. Yo medito media hora al día. ¿Por qué uso esa técnica y no otra para trabajar mi atención? La respuesta es fácil: es la mejor para calmar la mente y tener más claridad para enfocarme posteriormente en mis objetivos/metas. Desde mi experiencia, y solo puedo hablar desde ella y los más de seiscientos clientes que he tenido hasta la fecha como coach profesional, si tienes la mente muy desequilibrada emocionalmente o mucho ruido mental (lo veremos en el capítulo del lado oscuro de la mente), te van a ser muy difíciles de conseguir de forma fluida los resultados que esperas.

Cuando practicas primeramente esta técnica meditativa de forma correcta , aunque sean cinco o diez minutos al día, es suficiente para que comience la neuroplasticidad cerebral, de la que hablaremos en el próximo capítulo, que irá transformándolo pasito a pasito. Tu mente se irá calmando progresivamente, te volverás menos reactivo y más atento al presente. Te conviertes en una persona observadora que sabe captar detalles sutiles de la realidad en la que vives, que antes se te pasaban por alto, aprovechando mucho mejor las oportunidades que la vida te pone a diario para acercarte a tus objetivos. Si estás «a por uvas» el tren pasará por delante de ti y ni lo verás.

En otros capítulos te mostraré otras técnicas que también he incorporado a mi día a día y que son realmente sencillas de realizar. Solo tienes que hacerlas sin cuestionarte nada, sus efectos están más que probados si las pones en práctica.

Puede que nunca hayas meditado o no tengas claro cómo hacerlo, por eso en el código QR que tienes al principio del libro hay una meditación de atención a la respiración guiada por el maestro Zopa. Aunque lo ideal es meditar sin ninguna guía, no dudes en utilizar este recurso online para aprender correctamente la técnica. ¡Quién mejor para mostrarte cómo hacerlo!

El poder de la concentración y el enfoque

La concentración es la capacidad de dirigir toda nuestra energía mental hacia un algo específico como una tarea o una actividad por un tiempo específico. Es como un rayo láser que ilumina con intensidad un área concreta, dejando en casi total oscuridad todo lo demás, igual que cuando entrenamos la mente con una vela haciendo trataka (la tienes explicada en el capítulo de la mente cuántica) o usamos cualquier otra técnica mental que nos permita tener nuestra atención focalizada en lo que deseamos durante el máximo tiempo posible.

Seguro que conoces el dicho «quien la sigue la consigue». Pues estamos hablando de ese poder de la concentración sostenida, que comienza con la atención enfocada y termina absorbiéndonos por completo en lo que hacemos gracias a la motivación y claridad de propósitos. La concentración es una función cerebral que consume mucha energía, de ahí lo complicado de mantenerla por largo tiempo. De ahí que tu cerebro intente siempre distraerte para que no gastes energía.

En las enseñanzas budistas la concentración, llamada «samadhi» en pali, se refiere a la capacidad de enfocar la mente de manera sostenida y sin distracciones. Samadhi es esencial si deseas profundizar en la meditación y desarrollar una comprensión más profunda de los fenómenos de tu mente. Una mente concentrada es capaz de penetrar las capas superficiales de la realidad y ver las cosas como realmente son. Es el siguiente nivel después de la atención y es muy profundo, tiene nueve niveles y solo puedo decirte que con el hecho de entrenar la atención en la respiración a diario, ya estás superando varios de los primeros.

La concentración es un músculo mental que se entrena, igual que el resto de músculos en nuestro cuerpo. La forma de entrenar será siempre la misma, la repetición y la atención focalizada, pero los resultados serán diferentes en función de para qué quieres concentrarte en algo y las técnicas que utilices. No es lo mismo entrenar la concentración mediante la meditación que la forma en la que lo hacen los pilotos de Fórmula 1, por ejemplo. Ellos tienen tan automatizados los circuitos de carreras que podrían hacerlos con los ojos vendados. De hecho, en el simulador donde entrenan, lo hacen. Son capaces de ganar o perder una carrera por milésimas de segundo y sus mentes son como relojes suizos, sincronizados con el coche como si fueran uno con él. ¿Cómo pueden pasar meses metidos en un simulador o en su monoplaza, exprimiendo al máximo su potencial mental incluso ante una actividad tan exigente físicamente? En primer lugar, porque han entrenado miles de horas su concentración para pilotar a ese nivel estratosférico. Tienen una meta clara: GANAR. Y esa profesión que aman los motiva por encima de cualquier cosa en el mundo. La concentración que tienen los pilotos es intensa, inmediata y muy especializada, adaptándose a un entorno que cambia a cada segundo en el circuito. Les requiere una combinación de agilidad mental, habilidades físicas, y una capacidad excepcional para mantener la concentración bajo presión extrema. Me quito el sombrero ante ellos, son lo más parecido a una máquina que no se desconcentra en ningún momento mientras hace una tarea superexigente.

Sin embargo, cuando tú ya tienes cierta práctica en entrenar la atención y te concentras, enfocándote en tus objetivos, lo haces con una combinación única de claridad, presencia consciente, equilibrio emocional, paciencia, creatividad y alineación con tus valores internos que definen tu enfoque mental. Esto no solo aumenta la probabilidad de que alcances tus metas, sino que también te ayudará en tu desarrollo personal y espiritual. La concentración que desarrollas a través de la meditación se convierte en una herramienta poderosa para tu vida diaria, permitiéndote perseguir tus objetivos con una mente enfocada y un corazón abierto, equilibrando así el éxito externo con el crecimiento interno.

El enfoque mental añade un elemento de intención y propósito. No es solo estar atento y concentrado, sino hacerlo por una razón específica que está alineada con tus objetivos o valores. Eso realmente es lo que nos motivará a no abandonar y continuar con nuestra concentración y foco. La coherencia entre estos tres poderes es lo que transformará tu deseo en un éxito.

El reto que te propongo para cuando hayas finalizado la lectura de este libro, es que puedas llegar a tener un nivel de concentración lo suficientemente estable para que te enfoques en la imagen mental de un objetivo durante diez minutos al día sin interrupciones. A esto te enseñaré en los capítulos posteriores.

Por suerte, las mismas técnicas de meditación que valen para la atención, desarrollan también la concentración.

Recuerda que todo comienza por una buena atención consciente donde puedas poner tu poder de concentración a trabajar y que tu enfoque se encargue de guiar el propósito y los valores hacia esa meta maravillosa. Te irás dando cuenta a lo largo del libro de que tener una mente enfocada no es complicado. Tienes poderes innatos que quizá no has explotado antes por simple desconocimiento. Pero aprendiendo a utilizar las capacidades que ya posees de nacimiento, podrás encaminarte más fácilmente hacia tus metas maravillosas.

Por ahora es suficiente, verás como todo va cogiendo forma según avances en el libro. Como te he dicho antes, hay muchas herramientas que te esperan, no seas impaciente y comienza por el principio: vete al código QR y comienza con La meditación en la atención a la respiración (Amapanasati).

2

LA MAGIA OCULTA DEL CEREBRO HUMANO

> El cerebro no es un vaso por llenar, sino una lámpara por encender.
>
> PLUTARCO

El cerebro: tu varita mágica

No podemos hablar del enfoque mental sin hacerlo primeramente del cerebro. Este órgano, que apenas pesa alrededor de 1,4 kilos, un 2 % de toda nuestra masa corporal, es la sede de nuestros pensamientos y emociones. Cuando decimos que debemos entrenar nuestra mente, nos referimos también a que es necesario ejercitar y mejorar las capacidades de este órgano increíble.

Nuestro cuerpo, el cerebro incluido, es tan perfecto que el Buda comentaba lo importante que era el nacimiento humano, y lo describía como el «vehículo perfecto» para alcanzar la iluminación en esta vida debido a su capacidad única para la práctica consciente y la comprensión. Asimismo, afirmaba que tenemos un cerebro dotado para ello si sabemos sacarle el máximo potencial, cosa que el resto de los animales no pueden hacer según él.

Mi pasión por el cerebro viene de lejos, aunque fue gracias a una formación de neurociencia aplicada a la empresa, en 2014, lo que transformó mi forma de hacer coaching al entender con más claridad cómo nos afecta el cerebro en gran parte de nuestros comportamientos. Por otro lado, me permitió crear un año después el programa NeuroFocus System©, así como concentrar muchas de las técnicas mentales que llevaba años practicando junto con la neurociencia, que explicaba los cambios que estas provocan en el cerebro. Entender cómo funciona la mente me ha dado la oportunidad de estudiar al animal que llevo dentro y conocer su previsible comportamiento, en muchas ocasiones contrario a mis objetivos.

Para que puedas tener una mente enfocada, debes conseguir que varias regiones cerebrales trabajen al unísono y en armonía. De todo esto hablaremos en el presente capítulo. Un cerebro entrenado es más eficiente a la hora de evitar las distracciones y centrarse en la tarea que tiene que hacer. Esto es esencial no solo para lograr los objetivos que te has propuesto, sino para mejorar tu vida en general. Por ejemplo, estudiar para una oposición o trabajar en un proyecto muy importante con otras personas requiere de la habilidad de concentrarse y, sobre todo, de mantener esa concentración a lo largo del tiempo.

En las páginas siguientes, veremos las estructuras del cerebro y su influencia directa en el enfoque mental. Desde la visión del doctor Paul MacLean de los «tres cerebros» hasta las áreas específicas que podemos entrenar a diario. Mi objetivo ahora es que veas los grandes beneficios que puedes obtener si entrenas este músculo que tienes sobre tus hombros. A lo largo de este libro, te explicaré las técnicas que yo utilizo para entrenarlo, mejorar el enfoque mental y conseguir antes los objetivos y las metas que me proponga. Hay muchos más métodos, aunque, desde mi experiencia, puedo garantizarte que, tan solo con que integres en tu vida cotidiana una de estas técnicas, tu realidad cambiará para mejor.

¿Tenemos uno o varios cerebros?

Es curioso que una misma cosa pueda ser la antítesis de sí misma, y eso es lo que ocurre con el cerebro. Por un lado, tiene todo lo que necesitas para que tu vida sea completamente feliz y consigas todo lo que te propongas, pero, por otro, es tu mayor saboteador y lo que te distraerá mientras intentas llegar a tus metas. Pareciera como si tuvieses varios cerebros con objetivos contrapuestos.

Si bien la ciencia —según un estudio publicado en *Sage Journals*—[1] ya habla de los tres cerebros funcionales, refiriéndose a la cabeza, corazón e intestino por las redes neuronales complejas que estos tienen, en este libro vamos a ir directamente a la cabeza.

Pues bien, aunque esta postura se considera hoy una visión muy simplificada y poco precisa de cómo funciona realmente nuestro cerebro, la tradicional teoría de los tres cerebros o modelo triuno, detallada por el doctor Paul MacLean en los años sesenta, va a ayudarnos a obtener un cierto entendimiento sobre los conflictos internos que tenemos en nuestra «azotea». MacLean dividió el cerebro en tres partes que evolucionaron sucesivamente: el cerebro reptiliano, el sistema límbico y el neocórtex o neocorteza. Cada uno de estos «cerebros» representa diferentes niveles de evolución y controla distintos aspectos de nuestro comportamiento y cómo procesamos la información.

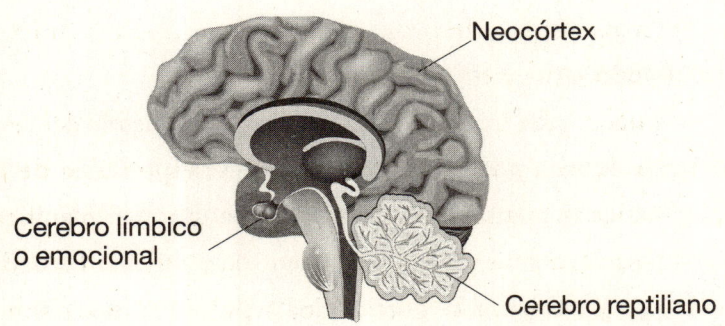

Neocórtex

Cerebro límbico
o emocional

Cerebro reptiliano

- **El cerebro reptiliano** (el que actúa), situado en estructuras muy profundas como el tallo cerebral o el cerebelo, es la parte más animal y antigua del cerebro en términos de evolución, y se encarga de las funciones corporales básicas como respirar, comer, controlar el equilibrio o mantener la temperatura. También es responsable de la respuesta agresiva para defenderse, de crear hábitos automáticos y de dominar el territorio y los instintos básicos como la reproducción. Esta zona se centra en las necesidades fundamentales y responde de forma reactiva a estímulos directos y simples. El cerebro reptiliano priorizará siempre la seguridad y tu supervivencia, ante todo.

- **El sistema límbico** (el que siente), que se desarrolló más tarde, es el centro de nuestras emociones y memorias. Controla las emociones más complejas como el miedo, la alegría o la tristeza y tiene un papel clave en la creación de las redes neuronales de los recuerdos. Este «cerebro emocional» está en constante comunicación con el cerebro reptiliano, y a menudo sus objetivos pueden estar en conflicto con los instintos básicos, especialmente cuando se trata de comportamientos sociales y personales.

- **El neocórtex** (el que piensa), la parte más visible del cerebro, la más nueva y desarrollada, es responsable de las funciones mentales superiores, como razonar, planificar, hablar, la conciencia de uno mismo, la creatividad artística y la moral abstracta. Este «cerebro pensante» nos permite tener pensamientos complejos, tomar decisiones racionales, empatizar con otras personas y planificar a largo plazo, entre otras cosas.

Si nos ceñimos al contexto del enfoque mental, el modelo triuno de MacLean nos ayuda a comprender por qué a veces tenemos un conflicto interno. Por ejemplo, nuestro cerebro reptiliano puede llevarnos a reaccionar de manera agresiva o defensiva, mientras que el sistema límbico puede llenarnos con emociones que pueden hacer que perdamos la cabeza. Mientras tanto, el neocórtex intenta poner algo de orden para trazar un plan de acción que sea coherente. Cada uno de ellos tiene diferentes puntos de vista sobre una misma situación, y los tres, a su manera, quieren salirse con la suya.

Para mantener un enfoque mental más efectivo, es importante que equilibremos las necesidades y respuestas de estos tres «cerebros». Esto implicará reconocer y gestionar nuestras respuestas emocionales (sistema límbico), calmar nuestros instintos básicos (cerebro reptiliano) y potenciar nuestra capacidad para razonar y poder planificar las acciones (neocórtex). Al hacerlo, podremos alinear mejor nuestras acciones con nuestros objetivos propuestos, lo que es esencial para enfocarnos al máximo y realizar nuestras metas a largo plazo.

Tu cerebro consume... y mucho

Si tuviese que comparar el gasto del cerebro con lo que consume un coche, me vienen a la mente siempre los antiguos automóviles estadounidenses, que consumían lo que tres coches japoneses juntos.

Según el desarrollo del ser humano a lo largo de su evolución y la dificultad para obtener alimentos a demanda, las dos premisas básicas del cerebro más primitivo y profundo son la supervivencia física y la economización de la energía.

El cerebro gasta el 20 % de la energía que consume diariamente un cuerpo humano. Este dato se ha podido constatar gracias a un estudio, «Energetics and the evolution of human brain size», publicado a finales de 2011 en la revista *Nature*.[2] La científica Ana Navarrete, una de las investigadoras que firman el artículo, afirma que «el cerebro de un hombre adulto consume lo mismo que toda nuestra musculatura en estado de reposo. Es decir, 1,3 kilos de cerebro están consumiendo lo mismo que 27 kilos de músculo (si hablamos de un hombre de 65 kilos)».

A la vista de este estudio, es lógico pensar que tu cerebro quiera economizar al máximo el gasto de energía. ¿Y qué mecanismos utiliza para gastar menos? Crea hábitos y rutinas de comportamientos automáticos. Busca el placer o la gratificación inmediata y recuerda el futuro.

Este último punto se descubrió en el año 2010, tras una investigación del departamento de psicología de la Universidad de Glasgow, en Escocia, y del Max-Planck Institute for Brain Research de Frankfurt, en Alemania,[3] por el que se supo que el cerebro ahorra energía previendo lo que posiblemente veremos. Gracias a este recurso de «predicción», a la hora de procesar imágenes el cerebro utilizará una menor cantidad de energía. Si nos topamos con un imprevisto en el entorno donde nos encontramos, el área del cerebro de la corteza visual se volverá más activa para procesar la nueva información.

Lo que esto quiere decir es que al cerebro le interesa estar más en sus proyecciones mentales que en el momento presente, atento a lo que pasa a su alrededor. Esto nos condiciona de forma directa cuando vamos a realizar una tarea que suponga un gasto energético extra, como enfocarnos en nuestros objetivos, meditar o utilizar cualquier otro recurso que gaste mucha energía pero por el que no se obtenga a cambio una recompensa inmediata.

¿Qué es lo que hace que consuma más energía el cerebro? Pues situaciones de estrés, poner atención y concentración en las cosas que realizamos, tomar decisiones conscientes utilizando nuestro razonamiento lógico y aprender algo nuevo.

En dos de estos puntos —poner atención en lo que hacemos y tomar decisiones conscientes—, el cerebro nos pondrá cierta resistencia por ese gasto extra de energía. El cerebro no regala combustible sin obtener algo a cambio.

En palabras del científico español Álvaro Pascual-Leone, catedrático de neurología en Harvard, «sabemos que el 98 % del gasto de energía del cerebro está dedicado no a la relación con el mundo externo, sino al mundo interno, a pensar, a vislumbrar, a hacer hipótesis sobre qué va a pasar. También está dedicado a monitorizar los órganos internos del propio organismo».

¿Y cómo hay que entrenar el cerebro para que deje que nos enfoquemos en los objetivos que deseamos conseguir? Mediante la técnica que utiliza la mente para crear hábitos automáticos: la repetición y la motivación. Estas dos palancas cerebrales son la clave para reprogramar nuestro cerebro y sacar lo mejor de él si las utilizamos sabiamente. De ahí la importancia de que conozcamos el funcionamiento del cerebro, para convertirlo en nuestro aliado.

Crea nuevas redes neuronales orientadas a tus metas

Vivimos una época en que la incertidumbre y el cambio son la norma, y a nuestro cerebro le cuesta acostumbrarse a este nuevo paradigma, pues está diseñado para la supervivencia, para sentir que todo lo tiene bajo control y gastar lo menos posible. Ante este nuevo entorno, es esencial que adoptemos nuevas herramientas y metodologías que nos ayuden a reprogramar nuestro cerebro para que no considere el cambio y la incertidumbre como una amenaza y podamos utilizarlo de la forma más optimizada posible. La creación y proyección de una visión clara de nuestros objetivos activará el cerebro en su totalidad, fomentando el desarrollo de nuevas redes neuronales que reflejen la imagen del resultado deseado.

Y aquí surge la pregunta clave: ¿es posible reconfigurar las antiguas redes neuronales para alinear nuestro cerebro con nuestros objetivos? La ciencia nos dice que sí es posible. La neurociencia y las funciones mentales avanzadas, como la atención, la memoria, la comprensión y la percepción, están íntimamente ligadas al desarrollo de nuestras habilidades y a nuestra capacidad para potenciarlas.

Este entrelazamiento nos va a permitir explorar nuestro cerebro y ver qué estructuras cerebrales tenemos que entrenar para desarrollar el enfoque mental necesario para materializar nuestras metas.

La infinita plasticidad del cerebro

En principio, parece que todos los cerebros son iguales, pero si nos acercamos, veremos la singularidad de cada uno de ellos, ya que están formados por diferentes redes neuronales. No hay un solo cerebro igual a otro y, por ello, cada vida es única, pues cualquier experiencia que vivamos o aprendizaje que tengamos hace que nuestro cerebro cambie físicamente su estructura neuronal. A este fenómeno se le conoce como neuroplasticidad o plasticidad neuronal o cerebral.

De alguna forma, y sin darnos cuenta, la percepción que tenemos en cada momento del mundo que vivimos está cambiando nuestro sistema nervioso. De ahí que cada persona cree diferentes circuitos neuronales ante una misma situación. Por este motivo, ante un escenario determinado, las decisiones que tomen dos personas podrían ser diametralmente opuestas en función de las redes neuronales que han creado a lo largo de sus vidas.

Los científicos definen dos tipos de plasticidad cerebral:

1. La funcional o la capacidad de realizar nuevas conexiones neuronales o reconectar funciones que se han visto dañadas por un accidente, por ejemplo.
2. La estructural, que es en la que vamos a centrarnos, dada la capacidad que tiene el cerebro de alterar su estructura física cuando estamos aprendiendo cosas nuevas o desarrollando nuevos hábitos o habilidades.

El cerebro está siendo bombardeado por una cantidad ingente de información y estímulos, de modo que, sin un filtro consciente capaz de ordenar y seleccionar los datos de relevancia, este actuará, en la mayoría de las veces, sin claridad mental y de una forma reactiva y automática debido a las redes neuronales ya prefijadas.

Por todo ello —y ojo, que este dato es importante—, si no hay atención consciente sobre el momento presente ni una intención de aprender, no se producirá la plasticidad estructural y no se generarán nuevas redes, ya que no estoy concentrado en lo que estoy haciendo. Por lo tanto, ya sabemos que la capacidad de aprendizaje del cerebro no tiene edad, pero está relacionada directamente con la capacidad de atención, concentración y motivación que se ponga.

Un dato curioso: la etapa de nuestra vida en la que tenemos más plasticidad cerebral es la infancia, de cero a siete años, ya que es en este periodo cuando ocurren los eventos más importantes en la maduración de nuestro cerebro. De dos a siete años, todo lo que vivimos nos afecta profundamente porque esta etapa coincide con la fase de desarrollo cerebral conocida como la «ventana de plasticidad», en que el cerebro tiene una gran capacidad para aprender y adaptarse, algo que puedo observar en mis dos hijos pequeños de cuatro y seis años, respectivamente. Durante estos años, los niños absorben información del entorno como esponjas a un ritmo acelerado, y las experiencias pueden tener un impacto duradero en sus patrones de comportamiento, sus creencias y su personalidad. Esto se debe a que es en ese momento cuando se forman las conexiones neuronales fundamentales y se establecen las bases de lo que serán los patrones de pensamiento a largo plazo, sumado a que durante esa etapa infantil el cerebro mayormente se encuentra en onda theta (que ya veremos en otro capítulo), las ondas de sueño ligero y la hipnosis. Dicho de otra forma, en esa etapa toda la información que entra por nuestros sentidos se graba en el subconsciente sin el filtro de la racionalidad, sea bueno o malo.

Como puedes ir intuyendo, el cerebro es realmente como un músculo que se fortalece y se moldea con educación y constancia, y quienes buscamos lograr metas ambiciosas estamos obligados a ser persistentes, ya que de nuestra mente tiene que salir el camino que nos llevará a donde queremos.

Adoptando el concepto de «neuroplasticidad autodirigida» del neuropsiquiatra Jeffrey Schwartz, con la práctica constante de entrenamiento mental podemos desarrollar nuevas redes neuronales autodirigidas hacia la consecución de nuestros objetivos. Al hacer esto repetidamente, estas nuevas conexiones se grabarán en nuestro cerebro inconsciente. De esta manera, nuestros pensamientos, emociones y comportamientos, que suelen operar bajo la superficie de lo consciente, se alinearán con las metas que nos hemos propuesto.

¿No te resulta apasionante saber que puedes crear las redes neuronales que necesita tu cerebro para conseguir lo que te propones? La plasticidad cerebral nos dice que no estamos condenados a ser como creemos que somos o a tener ciertos objetivos y otros no.

Un poco de anatomía básica

El cerebro es el órgano central del sistema nervioso, se localiza en el cráneo y está protegido por las meninges. Es el centro de mando para la mayoría de las funciones corporales, tanto voluntarias como involuntarias. Consiste en un complejo entramado de alrededor de 86.000 millones de neuronas y de otras tantas células gliales que trabajan juntas para procesar información, controlar las emociones, generar pensamientos, coordinar movimientos, aprender, memorizar y tomar decisiones. Todo ello relacionado en los billones de conexiones sinápticas por donde fluye la información eléctrico-química que pasa a través de las neuronas.

Cada parte del cerebro tiene un rol específico, desde las áreas primitivas responsables de instintos básicos hasta las regiones más avanzadas que manejan el pensamiento abstracto y la conciencia. Su gran capacidad plástica le permite adaptarse y aprender a lo largo de la vida.

La corteza cerebral se compone de cuatro lóbulos principales, cada uno con funciones específicas:

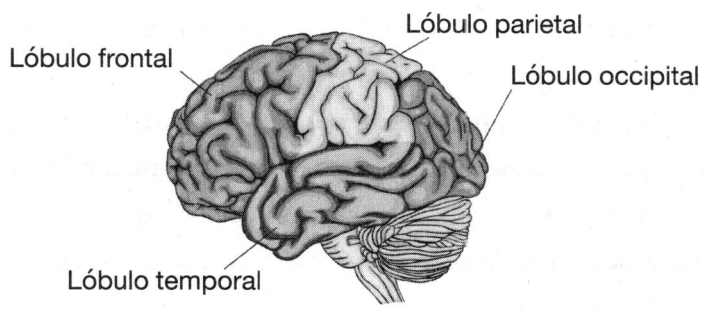

1. **Lóbulo frontal:** Es la parte más grande y se sitúa en la zona frontal del cráneo. Es el centro del control ejecutivo, encargado de funciones como el razonamiento, la toma de decisiones, la planificación, el procesamiento del lenguaje (área de Broca) y la regulación de emociones y comportamientos.

2. **Lóbulo parietal:** Ubicado detrás del lóbulo frontal y sobre el lóbulo occipital, es esencial para procesar información sensorial, como el tacto y la temperatura; además, juega un papel importante en la comprensión espacial y la integración sensorial.

3. **Lóbulo temporal:** Situado a ambos lados del cerebro, a la altura de las orejas, es fundamental para el procesamiento auditivo y está muy implicado en la memoria, así como en el reconocimiento de objetos y caras. También alberga el área de Wernicke, crucial para la comprensión del lenguaje.

4. **Lóbulo occipital:** Se encuentra en la parte posterior del cerebro y es el centro principal del procesamiento visual. Es responsable de interpretar la información que recibimos a través de los ojos.

Cada lóbulo del cerebro trabaja en conjunto con los demás para realizar tareas complejas y permitirnos interactuar con el mundo de manera efectiva.

Ahora, hablemos de los dos hemisferios cerebrales:

- **Hemisferio izquierdo:** Conocido por su enfoque en el pensamiento lógico, analítico y detallado. Es crucial para el lenguaje, el cálculo matemático y el razonamiento secuencial. Por ejemplo, cuando queremos resolver un problema matemático complejo, es el hemisferio izquierdo el que entra en acción.

- **Hemisferio derecho:** Más asociado con el pensamiento creativo y holístico. Se encarga del reconocimiento de patrones, la intuición, las habilidades artísticas y la comprensión del contexto general. Así, cuando apreciamos una obra de arte o interpretamos una metáfora, el hemisferio derecho es más activo.

Es importante señalar que, aunque hablemos de funciones específicas para cada hemisferio, en realidad, trabajan de manera conjunta y complementaria. La división de funciones entre los hemisferios no es tan estricta como se pensaba en el pasado. Por ejemplo, el lenguaje, aunque predominantemente es una función del hemisferio izquierdo, también involucra al derecho, sobre todo en aspectos como la entonación y el contexto.

Veamos ahora de forma más detallada las diferentes estructuras que entrenaremos cuando practiquemos las técnicas mentales de enfoque.

Estructuras entrenables

Como ya he comentado, el cerebro es un músculo que puede y debe entrenarse si deseas tener una vida más plena y conseguir los retos que te motivan. Lo cierto es que esto no difiere mucho de lo que haces cuando entrenas los músculos de tu cuerpo en un gimnasio. La técnica que utilices y la repetición será fundamental para ver resultados, de la misma forma que ocurre cuando entrenas el cerebro.

El córtex prefrontal (CPF) o el CEO de nuestro cerebro

Si tuviese que quedarme solo con una de las estructuras cerebrales para entrenar mi cerebro, sin duda elegiría el córtex prefrontal. Esta estructura, ubicada en la parte anterior del encéfalo, es la responsable de nuestras funciones ejecutivas.

El neurólogo David A. Pineda (2000) define las funciones ejecutivas como «un conjunto de habilidades cognitivas que permiten la anticipación y el establecimiento de metas, el diseño de planes y programas, el inicio de las actividades y de las operaciones mentales, la autorregulación y la monitorización de las tareas, la selección precisa de los comportamientos y las conductas, la flexibilidad en el trabajo cognitivo y su organización en el tiempo y en el espacio para obtener resultados eficaces en la resolución de problemas».

Así, podemos ver la gran importancia que tiene esta estructura en nuestra forma de ser, nuestra planificación estratégica y la consecución de nuestros objetivos. El córtex prefrontal es el encargado de convertir todos los datos que recibe, tanto del exterior como del interior, para tomar una decisión y, posteriormente, generar y elegir un plan de acción proactivo que lleve a buen término los objetivos fijados.

Estas capacidades mentales pueden agruparse de la siguiente forma (Lezak, 1995[4]; Stuss y Levine, 2002):

1. Las capacidades necesarias para formular metas y diseñar planes.
2. Las facultades implicadas en la planificación de los procesos y las estrategias para lograr los objetivos.
3. Las habilidades implicadas en la ejecución de los planes.
4. El reconocimiento del logro / no logro y de la necesidad de alterar la actividad, detenerla y generar nuevos planes de acción.
5. Inhibición de respuestas inadecuadas.
6. Selección correcta de conductas y su organización en el espacio y en el tiempo.
7. Flexibilidad cognitiva en la monitorización de estrategias.
8. Supervisión de las conductas en función de estados motivacionales y afectivos.
9. Toma de decisiones.

El entrenamiento cerebral debe ir orientado hacia el fortalecimiento del córtex prefrontal y la mejor utilización de todas las funciones mentales detalladas anteriormente, que marcarán, sin duda, la diferencia a la hora de enfocarse y conseguir los objetivos. Este ejercicio diario nos permitirá desarrollar habilidades como la atención, la concentración y el enfoque mental, tan necesarias para desarrollar esta habilidad a un nivel superior.

El CPF está formado por diversas estructuras que engloban las funciones anteriores y trabajan de forma coordinada. Son las siguientes:

- **CPF dorsolateral:** Implicado en la planificación compleja, la toma de decisiones y la resolución de problemas.
- **CPF ventromedial:** Asociado con la regulación de emociones y la toma de decisiones sociales.
- **CPF orbitofrontal:** Relacionado con la inhibición de impulsos y el procesamiento de recompensas.
- **CPF medial:** Involucrado en la autorreflexión y el autoconocimiento.
- **Córtex cingulado anterior:** Aunque técnicamente forma parte del sistema límbico, trabaja en estrecha colaboración con el CPF en la regulación emocional y la toma de decisiones.

La importancia de esta corteza prefrontal va mucho más allá de conseguir metas inmediatas. Influye en gran medida en cómo nos vemos en el futuro y si podemos fijarnos objetivos retadores a largo plazo sin abandonarlos antes. También es crucial para gestionar nuestras emociones e impulsos, no solo para rendir más, sino para llevarnos bien con otras personas importantes en nuestra vida y con nosotros mismos. O sea, poder pensar a fondo en las posibles consecuencias de cada paso que damos resulta clave para esa armonía buscada, esa paz interior y exterior gracias a decisiones equilibradas. Eso es parte de una corteza prefrontal fuerte y entrenada. Cosas tan valiosas como gestionar la rabia o hacer las paces tras una discusión de pareja proceden de aquí.

El CPF es también el centro de nuestra voluntad consciente. La habilidad de decir no a distracciones a corto plazo y de mantener la mirada fija en las recompensas a largo plazo es fundamental para cualquier tipo de éxito continuado. Gracias a un CPF bien desarrollado, seremos capaces de resistir las tentaciones de momento en favor de los beneficios más grandes y duraderos que obtendremos más adelante. Este tipo de autocontrol es lo que nos permite seguir las dietas, hacer ejercicio, meditar a diario o mejorar en nuestros estudios o carrera profesional.

El ejercicio y la actividad física continuada no solo benefician al cuerpo, sino que también son claves para mantener un CPF saludable. El flujo sanguíneo se incrementa y se liberan sustancias que, durante el ejercicio físico, son esenciales para la salud de las neuronas y pueden conducir a mejoras en las funciones ejecutivas. La relación entre un estilo de vida activo y un CPF mejorado es clara y está respaldada por numerosos estudios.[5]

Con el fin de incentivarte a que fortalezcas tu córtex prefrontal, aquí tienes un resumen de quince habilidades que, tras mejorarlas a través del entrenamiento, transformarán positivamente tu vida:

1. **Capacidad para manejar el estrés:** Mejorará tu gestión del estrés y la ansiedad, manteniendo la calma y la claridad en situaciones difíciles.

2. **Creatividad incrementada:** Tendrás mayor habilidad para pensar de manera creativa y generar ideas nuevas.

3. **Juicio crítico:** Hará que progrese tu análisis de la información en situaciones críticas, lo que te permitirá tomar decisiones más justas y equilibradas.

4. **Persistencia:** Aumentará tu resistencia frente a obstáculos y fracasos, manteniendo tu motivación y el enfoque en los objetivos.

5. **Visión a largo plazo:** Lo que desencadenará en una mayor capacidad para planificar y trabajar metas cuya ejecución se extienda en el tiempo, conservando la perspectiva y evitando distraerte con recompensas inmediatas, pero menos importantes.

6. **Mejor control de impulsos:** Lograrás una mayor capacidad para resistir tentaciones y distracciones, manteniendo el enfoque en tareas a largo plazo.

7. **Toma de decisiones más efectiva:** Mejorará tu habilidad para evaluar todas las opciones, adelantarte a las consecuencias y elegir el mejor plan de acción.

8. **Planeación y organización mejoradas:** Se reforzará tu capacidad para establecer, seguir y ajustar planes más complicados.

9. **Regulación emocional:** Perfeccionarás tu habilidad para manejar y responder adecuadamente a las emociones, evitando reacciones excesivas o inapropiadas.

10. **Flexibilidad mental:** Te será más fácil adaptarte a cambios y modificar planes y pensamientos en respuesta a nueva información o alteraciones en tu entorno.

11. **Autoconciencia:** Conseguirás una mayor comprensión de ti mismo, incluyendo fortalezas, debilidades y patrones de pensamiento.

12. **Memoria de trabajo mejorada:** Mejorará tu capacidad para retener y manipular información mentalmente a corto plazo.

13. **Solución de problemas:** Obtendrás una mayor habilidad para encontrar soluciones creativas y efectivas a los problemas.

14. **Concentración y atención sostenida:** Ganarás una mayor capacidad para mantenerte enfocado en tareas o actividades durante largos periodos.

15. **Empatía y comprensión social:** Tu capacidad de entender y relacionarte con los demás se verá mejorada.

Por todo ello, los beneficios de entrenar unos minutos a diario tu CPF harán que pertenezcas al 1 % de la población mundial que no se queja y no se rinde nunca.

Pero no podemos terminar este apartado sin antes comentar las características de un CPF inactivo y poco entrenado. Estas son, entre otras, apatía, pereza, falta de inspiración, desmotivación, ausencia de iniciativa, resistencia o rechazo al aprendizaje, monotonía, facilidad para distraerse, incapacidad para hacer planes de futuro, comportamiento que no se corresponde con los deseos, incapacidad para completar acciones o tareas, impulsividad, demasiada emotividad, etc.

Entrenando el sistema límbico

Ya hemos hablado de la importancia de entrenar y potenciar el córtex prefrontal para conseguir nuestros objetivos. Pero igual de importante para estar tranquilos y equilibrados es encargarnos de optimizar las diversas estructuras que componen otra parte clave del cerebro: el sistema límbico o «cerebro emocional».

Este sistema está especializado en recoger todos los estímulos internos y externos y asignarles una carga emocional positiva o negativa según ayuden o perjudiquen a nuestra supervivencia. De esta forma, aprendemos a ir hacia todo aquello que nos da placer y evitamos todo lo que nos produce dolor o sufrimiento. Así, gracias al «cerebro emocional», podemos sentirnos extasiados ante una obra de teatro, conectar espiritualmente con un bosque o experimentar un amor profundo por otra persona. Pero no todo es bueno, también podemos experimentar rabia por una injusticia; estrés, angustia y nerviosismo ante amenazas imaginadas, o sentir mucha tristeza por un tiempo pasado que nunca volverá. Todo pasa por este filtro emocional tan antiguo como indispensable para la vida.

Cuando comenzamos a entrenar la atención plena con la meditación o a enfocarnos en nuestros objetivos a diario con las diversas técnicas recogidas en este libro, además de fortalecer el CPF, contribuimos de manera muy positiva al sistema límbico. Esto redunda en una mejora en la forma en que nos relacionamos con las emociones, de modo que disminuye el estrés, controlamos nuestras reacciones emocionales y mejoramos la memoria y el aprendizaje. Poco a poco, según vamos creando este hábito tan saludable, nos sentimos más tranquilos y atentos a nuestro presente, desapegándonos de la reactividad emocional que teníamos anteriormente, lo cual nos dará más estabilidad y claridad mental para sentir lo que es correcto y estar más alineado con nuestros deseos y metas.

Tan solo voy a detenerme en cuatro estructuras del sistema límbico, dada la importancia que tienen en cómo nos afectan en nuestro enfoque.

1. **La amígdala:** Conocida comúnmente como la «central de alarma del cerebro», es una estructura cerebral primordial, ya que es la encargada de regular las emociones que se perciben como negativas, especialmente el miedo y la ira, aunque también regula en menor medida otras emociones como la alegría o la tristeza. Está presente en ambos hemisferios, y también tiene un papel predominante en el aprendizaje. Una amígdala hiperreactiva por exceso de miedo o rabia «secuestrará» con facilidad la corteza prefrontal, anulándola e impidiendo que puedas enfocarte en tus objetivos, de forma que quedes atrapado en emociones viscerales intensas y desagradables. Yo siempre me imagino la amígdala como una madre sobreprotectora que quiere salvaguardarte a toda costa y tiene miedo de todo lo que pueda pasarte cuando haces algo fuera de control. Desde mi punto de vista, es el elemento límbico que más tenemos que tranquilizar.

2. **La ínsula:** Es una estructura subcortical situada en el lóbulo lateral del cerebro, oculta por los lóbulos frontales y temporales. Es una región importantísima que nos permite tener conciencia de las sensaciones que están ocurriendo en nuestro cuerpo. La ínsula se activa en una variedad de emociones, como el amor, la empatía y especialmente aquellas que son de naturaleza negativa como la pérdida, el rechazo social o la injusticia. Por ejemplo, cuando sientes un malestar porque alguien te dice que tienes que hacer algo y tú no estás de acuerdo. Ese malestar corporal en forma de sensaciones es tu ínsula, que te avisa de que vas a cometer una incoherencia con respecto a tu código de valores si finalmente accedes a ello.

3. **El hipocampo:** Es una estructura en forma de caballito de mar situada en la región temporal, responsable de los recuerdos, el aprendizaje, la navegación espacial y la consolidación de la memoria a corto y largo plazo. Además, es donde se produce la mayor neurogénesis, es decir, el nacimiento de neuronas en el cerebro. Regula la respuesta al estrés, pudiendo incrementarlo o disminuirlo en función de los recuerdos que uno tenga.

4. **El núcleo accumbens:** También conocido como el botón del placer del cerebro, juega un papel importantísimo en el circuito de recompensa del cerebro, pues procesa el placer y las recompensas. Asimismo, está involucrado en la creación de las adicciones y la motivación. El nú-

cleo accumbens recibe información del hipocampo y la amígdala, los cuales dan un marco emocional a nuestras experiencias. Basándose en esta información, el núcleo accumbens libera dopamina, un neurotransmisor asociado con la sensación de placer y recompensa que luego explicaré con más detalle.

Estas estructuras nos afectan de lleno cuando queremos ir a por nuestros objetivos. Por ejemplo, en cuanto al miedo que sentimos, hay un estudio reciente de 2022 en el que se ha demostrado que «la formación de la memoria del miedo implica el fortalecimiento de las vías neuronales entre dos áreas del cerebro: el hipocampo, que responde a un contexto particular y lo codifica, y la amígdala, que desencadena un comportamiento defensivo, incluidas las respuestas de miedo».[6] La amígdala y el hipocampo se parecen a Pili y Mili: siempre van de la mano. Los recuerdos negativos de experiencias pasadas, grabadas en el hipocampo, son los que la amígdala procesa en caso de coincidencia o similitud con la situación actual, desencadenando un comportamiento reactivo. Vamos, que tus recuerdos de experiencias negativas condicionan tu futuro mediante el miedo a una potencial desgracia o fracaso.

En el capítulo del poder oscuro de la mente, dedico un apartado al miedo como autosaboteador de nuestros objetivos. Pero ya te adelanto que si entrenamos nuestra atención y enfoque mental podremos gestionar el potencial emocional de este importante cerebro que está por debajo de la neocorteza.

Por otro lado, si no entrenas tu mente, podría darse el caso contrario al miedo: que seas una persona con un núcleo accumbens hiperactivado, adicta a la recompensa inmediata. En este caso, te resultará muy complicado proponerte metas a largo plazo y sucumbirás rápidamente a los placeres cortoplacistas del día a día, desviándote del objetivo que te has propuesto conseguir. Seguro que alguna vez has oído el dicho «el mundo está lleno de muchas intenciones, pero de pocas acciones». Pues bien, así sería tu vida… muchos proyectos e ideas en tu mente, pero, a la hora de la verdad, ya sea por comodidad o por miedo, cero acciones para cambiar.

Cuando comencé a entrenar a diario mi enfoque mental y posteriormente a meditar, poniendo la atención en mi respiración (Anapanasati), no tardé muchas semanas en empezar a sentir estos cambios que afectaron a mi comportamiento y forma de ser.

- Mi amígdala se volvió menos reactiva y miedosa. Podía controlarla mejor, y poco a poco disminuyeron mis secuestros amigdalares, manteniendo un mayor equilibrio emocional. No me enfadaba tanto, y relativizaba más mis experiencias.
- La memoria de mi hipocampo creció hasta poder recordar los nombres de veinte o treinta alumnos sin dificultad después de que se presentaran al comenzar la clase. Además, no me apegaba tanto a mis recuerdos, ni a los negativos ni a los positivos.

- Con respecto a la ínsula, mejoró mucho mi percepción sobre las sensaciones de mi cuerpo, sin juzgarlas tan solo observándolas. Desde entonces escucho con más claridad los mensajes que mi organismo me manda en forma de sensaciones físicas, los cuales me dan una información intuitiva y valiosísima sobre todo lo que hago.

- Mi núcleo accumbens empezó a regularse. Me volví más paciente y tranquilo, mi nivel de ansiedad por conseguir mis objetivos se redujo muchísimo al no esperar resultados inmediatos, lo que me ha permitido fluir y disfrutar más del día a día.

Y estos son solo algunos de los efectos positivos que obtendrás en tu sistema límbico si entrenas tu atención y enfoque mental a diario.

Descubriendo el cerebro instintivo

Voy a hacerte una pregunta sobre tu cerebro: ¿sabes cuál es la estructura que tiene el mayor número de neuronas? ¡El cerebelo!, con el 80 % de los 86.000 millones de neuronas que componen este órgano.

Está claro que tu cerebro instintivo y más antiguo tiene mucho peso en tu comportamiento, aunque tú ni siquiera le prestes atención. Veamos ahora dos estructuras muy interesantes de este cerebro tan sabio e inteligente.

La primera de estas estructuras es el cerebelo, ubicado en la base del cráneo, pegado al tronco encefálico. Es como un pequeño cerebro pegado a otro más grande, aunque paradójicamente tenga muchas más neuronas.[7] Cuenta también con dos mitades o hemisferios, y es una de las estructuras más antiguas del cerebro. Está presente en animales, y los científicos suponen que existía antes de que los humanos evolucionasen. Esta pequeña pero poderosa estructura cerebral es la responsable de una multitud de funciones, desde el equilibro, el control motor o la coordinación hasta la postura.

Aparte de su conocida misión en la coordinación motora fina, varios estudios también han comprobado que el cerebelo tiene una gran memoria muscular, almacenando las instrucciones sobre esos movimientos que realizamos tantas veces y que hacemos en modo automático, sin pensar. Como conducir, pedalear en bici, bailar salsa o escribir rápidamente en el móvil. Esos programas grabados de «saber hacer» sin esfuerzo se alojan en el cerebelo, siempre listos para ejecutarse velozmente apenas decidimos ejecutar la acción. Y no solo eso, también se ha comprobado que el cerebelo tiene un papel importante en otras capacidades clave, como mantener el foco atencional ante señales que nos rodean, tomar decisiones y entender y hablar de manera fluida sin trabarnos.

Un estudio de 2022 ha podido demostrar que el cerebelo tiene un importante papel en la memoria emocional.[8] Las conclusiones de esta investigación determinaron que, por un lado, las imágenes más emocionales son más fáciles de recordar que las que no nos llaman la atención, y, por otra parte, se vio que había una gran actividad en el cerebelo cuando se proyectaron esas imágenes con mayor carga emocional. Hasta ese momento, se pensaba que solamente la amígdala y el hipocampo eran capaces de almacenar experiencias emocionales. Por lo tanto, cuando proyectamos en nuestra mente imágenes positivas que nos mueven emociones de amor, abundancia y felicidad de forma constante, estamos consiguiendo que el cerebelo fije o automatice esa memoria emocional positiva. ¿Cuál es el problema? Que, si no sabes esto, ¡estás usando tu cerebelo para grabar imágenes negativas y automatizarlas!

No te preocupes, algo haremos para revertir esa información negativa. Para desarrollar el cerebelo, hay que realizar prácticas que estimulen intensamente la concentración y la creatividad para resolver problemas, actividades que me exijan tener una gran motricidad fina (pilotar un coche de carreras, practicar con videojuegos y jugar al ajedrez rápido). Cuando consigues llegar a estos estados de control inconsciente de tu cuerpo en un hobby o una actividad que conoces muy bien, ocurre un *flow* en tu organismo y no necesitas pensar lo que estás haciendo; eres lo que estás haciendo. Son momentos de atención plena en la actividad que estás realizando.

La segunda de las estructuras es el tálamo. Se trata de una región compleja que está en el centro del cerebro. Podemos pensar en el tálamo como esa parte del cerebro encargada de recibir el enorme caudal de información sensorial que llega cada segundo desde nuestros ojos, oídos, piel y demás sentidos para luego reenviar los más importantes o relevantes al córtex cerebral con el fin de que sean procesados conscientemente. Es como la imprescindible secretaria que decide qué correspondencia debe pasar a la dirección general (CPF), porque podría ser muy importante, y qué otras cartas deben mejor tirarse a la papelera para no saturar con información que no es relevante. Gracias a esta labor de filtro, el tálamo desempeña un rol crucial en lo que enfocamos en nuestra limitada atención/consciencia, y además decide qué estímulos ambientales es mejor bloquear previamente porque no aportan valor alguno.

Junto con el tálamo encontramos el sistema reticular activador ascendente (SRAA), responsable de emitir neurotransmisores que, o bien nos activan completamente, o bien nos llevan al sueño profundo. Este sistema también filtra los estímulos entrantes e informa al tálamo de cuándo debe aumentar o disminuir el grado de atención constante en algo.

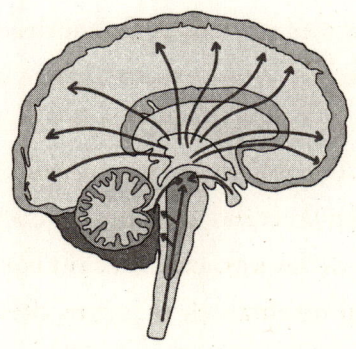

Sistema de activación reticular o ascendente.

El tálamo es una estructura cerebral que también tiene cierta capacidad plástica para cambiar y fortalecerse. Para nosotros, que queremos entrenar nuestra mente y enfocarla correctamente en nuestros objetivos, resulta esencial. Una técnica muy buena consiste en hacer meditación enfocada en sentir nuestro cuerpo sin juzgarlo (Vipassana o el escáner corporal); se trabajan así las zonas del tálamo que procesan esas sensaciones corporales internas. De este modo, podemos estar más conectados a lo que pasa dentro de nuestro interior. Esa autoobservación es fundamental para tener una muy buena comunicación con tu cuerpo. En este libro no te he enseñado en qué consiste la meditación Vipassana, pero puedes buscar en mi canal de YouTube o en Instagram (@ davidgomezcoach) mis charlas con mi maestro Zopa en las que él practica diferentes meditaciones, entre ellas, la Vipassana.

Otro modo de ejercitar el tálamo es mediante la observación de los pensamientos sin reaccionar ni distraernos. También podemos meditar poniendo la atención en diferentes sonidos ambientales y anulando otros, de esta manera estaremos potenciando la inhibición selectiva de los inputs irrelevantes del exterior que no me interesan y podremos concentrarnos más en los que sí.

El entrenamiento del tálamo es crucial para nuestro enfoque mental, porque, con su desarrollo, ampliaremos la capacidad de procesamiento de información consciente que recibe nuestro córtex prefrontal (CPF); así, tendremos más datos para tomar mejores decisiones y aprovechar mejor las oportunidades que la vida nos pone delante.

Como puedes observar, el potencial que tiene tu cerebro es infinito; solo tienes que dar el primer paso y comenzar a entrenarlo.

Los neuroquímicos o las pócimas mágicas del cuerpo

Los neuroquímicos o neurotransmisores son las pócimas mágicas de nuestro cerebro, la esencia para el hechizo diario que es nuestra vida. Imagina que cada acción que realizamos o emoción que sentimos es generada por un brebaje secreto: una gota de dopamina para un chispazo de motivación, un sorbo de serotonina para saborear la felicidad, un toque de oxitocina que nos conecta con otras personas, y un destello de endorfinas para aliviar el dolor y el estrés. Como cualquier mago sabe, el equilibrio es la clave. Demasiada adrenalina y cortisol, y el caldero se llenará de estrés y ansiedad; nos faltará para tranquilizar al cerebro y la calma se esfumará como el humo cuando sale por la chimenea. El arte de vivir en paz y en equilibrio es el arte de mezclar correctamente estas pócimas químicas, aprendiendo a generar el estado mental y emocional que deseamos en cada momento.

Gestionar nuestros neuroquímicos es como dominar la alquimia interior: nos requerirá conocimiento, mucha práctica y un toque de magia; esa magia que reside en las acciones diarias como meditar, enfocarnos en nuestros objetivos, comer sano, hacer ejercicio y relacionarnos con nuestros seres queridos. Cada una de estas acciones es como un hechizo que lanza, ajusta y perfecciona la composición de nuestro elixir interior, dándonos el poder para transformar nuestra realidad de dentro afuera.

Estas sustancias químicas son liberadas por el cerebro y funcionan como mensajeros que facilitan la comunicación mediante la sinapsis neuronal de una zona cerebral a otra. Existen dos tipos de neurotransmisores: los excitadores, que activan e impulsan la actividad neuronal, y los inhibidores, que la relajan y reducen. Ambos son necesarios para que el cerebro funcione de forma saludable y flexible.

Veamos ahora las diferentes pócimas mágicas, sus funciones y cómo podemos llegar a disfrutar de ellas. Hasta hoy la ciencia tiene identificados más de cien neurotransmisores diferentes en el cerebro. Nosotros solo nos detendremos en unos pocos, los que más pueden afectar a nuestro entrenamiento mental.

Neurotransmisor	Funciones principales	Formas de aumentarlo
Dopamina	Motivación, recompensa, memoria, coordinación motora	Ejercicio, sexo, música, meditación, alimentos dopaminérgicos
Serotonina	Estado de ánimo positivo, calma, felicidad plena	Luz solar, ejercicio, alimentos serotoninérgicos, meditación
Oxitocina	Apego, sensación de calma y seguridad, vínculos sociales	Abrazos cariñosos, confianza, orgasmos, lactancia materna
Endorfinas	Analgesia, sensación intensa de bienestar	Ejercicio extenuante, sexo, comida picante
GABA	Calma la ansiedad, relajación neuromuscular	Ejercicios de respiración, suplementos
Adrenalina	Activación física ante amenazas, estado de alerta	Estrés agudo (no crónico), deportes extremos
Noradrenalina	Atención focalizada, memoria y estado de alerta	Ducha fría, trabajo intenso, películas de suspense
Cortisol	Metabolismo, respuesta al estrés (en exceso), ansiedad, depresión	Rutinas matutinas, ejercicio intervalado, sueño reparador
Anandamida	Sensación de felicidad plena, creatividad lateral	Ingesta de chocolate o cannabis, ejercicio aeróbico

Neurotransmisor	Funciones principales	Formas de aumentarlo
Acetilcolina	Aprendizaje, atención selectiva, consolidación de la memoria	Juegos mentales, suplementos colinérgicos
Glutamato	Funciones mentales superiores (abstracción, análisis)	Entrenamiento mental focalizado, aprendizaje complejo
Pinolina	Estados meditativos profundos, éxtasis místico	Meditación avanzada, activación pineal

Como puedes observar, somos un laboratorio de drogas andante o, como he oído por ahí, «una bolsa de químicos con ojos». Solo me he centrado en los neuroquímicos que participan en nuestro estado de ánimo. Pido disculpas a cualquier otro de los cien neurotransmisores que no haya incluido en la tabla y que también nos afecten.

Podemos generarlos todos de diversas formas, y de hecho, desde que conocí los efectos de estas sustancias, he entendido por qué el cuerpo, y nuestro cerebro animal, es adicto a ellos (sobre todo a los que dan placer). Es comprensible que tengamos tanta resistencia a salir de nuestras comodidades, que ya tenemos organizadas para generar los químicos placenteros el mayor tiempo posible. Nuestro cuerpo es un yonqui de estos químicos que cada día te pedirá la dosis a la que está acostumbrado.

La neurociencia de la atención

He dejado para el final la neurociencia de la atención con la esperanza de que ya te resulten familiares los términos que hemos visto a lo largo de este capítulo. Estoy seguro de que vas a poder comprender el gran impacto que tiene en nuestro cerebro cuando entrenamos la atención.

La atención es una función cerebral esencial que nos permite procesar información del entorno de manera selectiva. Es el proceso que dirige nuestros recursos cognitivos hacia determinados estímulos elegidos, mientras ignora otros que no son relevantes en ese momento. Desde la perspectiva de la neurociencia, Michael Posner y Steven Petersen, en su influyente modelo de 1990[9], que aún sigue vigente, desglosaron la atención en tres redes distintas: la red de alerta, la red ejecutiva y la red de orientación. Cada una tiene funciones específicas y está relacionada con distintas partes del cerebro.

- **Red de Alerta (*arousal*):** Esta red mantiene tu nivel de alerta y te prepara para responder a los estímulos. Cuando está activa, puedes procesar la información más rápidamente y responder a los cambios en tu entorno. Esta red implica la actividad del sistema reticular activador ascendente (SRAA), que regula tu estado de vigilancia.
- **Red Ejecutiva:** Se encarga del control y la regulación de tus acciones y pensamientos. Esta red es fundamental cuando necesitas inhibir respuestas automáticas o distracciones y necesitas un control consciente sobre tu comportamiento, como en situaciones de toma de decisiones o resolución de problemas. La corteza prefrontal juega un papel fundamental en esta red.

- **Red de Orientación:** Esta red te permite seleccionar información específica de tu entorno para centrar tu atención. Funciona cuando necesitas escuchar una voz en una habitación ruidosa o cuando buscas un objeto entre muchos otros. La corteza parietal es una de las áreas clave en la red de orientación.

Veamos cuáles son los neuroquímicos que se ven afectados por el entrenamiento mental cuando trabajamos la atención y la concentración. A continuación, te señalo los que aumentan y los que disminuyen cuando meditamos:

Neurotransmisor	Efectos por meditación / atención plena
Dopamina	↑ Motivación, energía, reducción de procrastinación
Serotonina	↑ Sensación de bienestar, calma, claridad mental
Oxitocina	↑ Sociabilidad, empatía, vínculos interpersonales
GABA	↑ Relajación, reducción de ansiedad y estrés
Acetilcolina	↑ Atención sostenida, aprendizaje, memoria
Glutamato	↓ Regulación de excitotoxicidad, irritabilidad
Anandamida	↑ «Flujo» creativo, pensamientos laterales ingeniosos
Pinolina	↑ Hiperconectividad neuronal, estados meditativos profundos
Noradrenalina	↑ Atención focalizada
Cortisol	↓ Regulación del estrés crónico, inflamación

Estos son los diversos cambios en los neurotransmisores, resultado de entrenar la atención plena. Podemos concluir categóricamente que la meditación ejerce una influencia realmente determinante sobre nuestro estado mental positivo.

Si vamos un poco más allá del conocido aumento de la sensación de calma, equilibrio emocional y felicidad por la estimulación de la serotonina, la oxitocina y las endorfinas, hoy sabemos gracias a la evidencia científica que se producen muchos otros beneficios interrelacionados; desde optimizar los niveles de dopamina, mejorando así la motivación y reduciendo la procrastinación crónica, hasta regular al alza el GABA. Incluso neuroquímicos recién estudiados como la anandamida, asociada al pensamiento lateral y la creatividad, o la pinolina, facilitadora de estados expandidos de consciencia, se ven incrementados con el entrenamiento meditativo de la atención y concentración en el momento presente. Y algo no menos importante: la práctica contemplativa equilibra a la baja ciertos químicos que, en dosis elevadas, resultan tóxicos, como el glutamato, vinculado a la irritabilidad, o el cortisol, relacionado con el estrés crónico.

En conclusión, meditar o entrenar la atención y la concentración diariamente enfocándonos en nuestros objetivos o en un objeto físico o mental por periodos incluso breves nos permite modificar activamente una gran cantidad de neuroquímicos hacia un estado que facilita la expresión de nuestro potencial humano, desde la calma presente hasta la creatividad sin límites para conseguir lo que nos propongamos.

Por último, no quiero cerrar este capítulo sin antes comentar un estudio bastante conocido de Richard Davidson (2003)[10] con meditadores, que demuestra que la práctica de meditación en la atención plena puede conducir a un aumento de la actividad en la corteza prefrontal izquierda, lo que se correlaciona con una disposición afectiva positiva y un mayor bienestar emocional. Esto sugiere que la atención plena podría tener un papel en la regulación de las emociones y facilitar un enfoque más optimista de la vida. De esto puedo dar fe. Cuando practicas de forma regular la atención consciente, tu estado emocional es mucho más positivo y lo mejor de todo es que te enfadas mucho menos.

Ahora, ante alguien que afirme «yo soy así y no puedo cambiar», ya puedes responder que, a la luz de la neurociencia y el conocimiento actual sobre el cerebro, eso no se corresponde con la realidad. Tienes un cerebro potencialmente preparado para estar a la altura de tu mente enfocada. ¡Aprovéchalo!

3

EL PODER DE LAS ONDAS CEREBRALES EN TU ENTRENAMIENTO MENTAL

> El cerebro humano es el único recipiente que tiene la característica de que cuanto más se le mete, más capacidad tiene.
>
> GLEEN DOMAN

Presta atención, porque este capítulo es fundamental para que entiendas el impacto real del entrenamiento mental que vamos a explorar. Recuerdo que, a mis veintitrés años, al recitar afirmaciones positivas, me asaltaba la curiosidad: ¿cómo puede un simple pensamiento influir tanto en mi estado mental y en mi cuerpo? La respuesta comenzó a tomar forma cuando, tiempo después, me adentré en el estudio de las ondas cerebrales y su conexión con nuestros estados interno y físico. Descubrí cómo nuestros pensamientos se transforman en una danza eléctrica y química que recorre todo el cerebro y el cuerpo. Esa revelación abrió mi mente del todo y me hizo vivir más consciente de la carga neuroquímica que se desata en mi interior con cada pensamiento, sobre todo con los que me desagradan.

Imagina que tu cerebro es una central eléctrica donde las neuronas chispean continuamente, como si de impulsos eléctricos se tratase, creando las ondas cerebrales. Estos patrones de actividad eléctrica son captados por una máquina llamada electroencefalógrafo. La historia detrás de esta máquina es tan fascinante como su función: fue Hans Berger, un neuropsiquiatra alemán, quien la inventó en 1924, impulsado por su convicción en la telepatía tras un accidente que sufrió en su juventud. Cuando me enteré, no pude evitar sonreír al saber que Berger y yo compartíamos creencias similares en este tema concreto.

Si alguna vez te han hecho un electroencefalograma sabrás qué se siente al llevar un gorro de baño futurista lleno de sensores que leen las señales de cada parte de tu cerebro. Cuantos más sensores, más detallada es la información eléctrica que se descifra. Yo mismo he experimentado la sensación y la fascinación de ver mi actividad cerebral traducida en ondas de frecuencias variadas.

Además del electroencefalógrafo, se han inventado otros dispositivos para poder modificar las ondas cerebrales. En la década de los noventa, en Estados Unidos, se ideó una máquina llamada Megabrain, diseñada para modular nuestro cerebro con luz y sonido, disminuyendo el estrés y el insomnio y aumentando la concentración y la creatividad. Estos aparatos, además, tienen la habilidad de sincronizar los hemisferios cerebrales, por lo que son un complemento útil en terapias psicológicas.

Yo cuento con uno de estos dispositivos y lo utilizo regularmente, sobre todo cuando necesito enfocarme en profundidad. Ahora mismo, mientras escribo estas palabras, me acompaña la música barroca y el susurro del ruido blanco de las ondas theta, aunque sin las gafas, ya que, en esta ocasión, el estímulo cerebral es puramente auditivo.

La tecnología avanza a pasos agigantados, y lo que ayer era una novedad, hoy puede parecer desfasado. Aunque los Megabrains aún me parecen herramientas útiles, ahora vivimos una era en la que los dispositivos de EEG se han vuelto accesibles para muchas personas, no solo para investigadores o profesionales de la salud. Estos electroencefalógrafos de uso doméstico, aunque cuentan con menos sensores y se centran en áreas como el córtex prefrontal, vienen con aplicaciones que nos permiten monitorear nuestro progreso en prácticas como la meditación y el enfoque mental. Lo mejor de todo es su simplicidad: se sincronizan con nuestro móvil y nos introducen en el fascinante mundo de las ondas cerebrales.

Yo mismo no he podido resistirme y tengo uno bastante sencillo que captura la actividad de mi córtex prefrontal. Me apasiona explorar estos aparatos y ver cómo reflejan mi nivel de concentración y atención mientras hago alguno de sus ejercicios mentales.

Por otro lado, está la técnica tDCS o estimulación transcraneal de corriente directa que, aunque suena a ciencia ficción, es una realidad. Como todos los anteriores, es un método no invasivo que, mediante una suave corriente eléctrica aplicada a través de dos electrodos sobre el cuero cabelludo, hace posible modular áreas específicas del cerebro. Más de cien estudios respaldan su seguridad, y aunque en un inicio se usaba para tratar afecciones cerebrales, como la epilepsia, ahora se sabe que puede potenciar habilidades mentales como la memoria y la concentración.

Pero lo que realmente me dejó asombrado fue una investigación que revela cómo nuestra identidad y moralidad, esas creencias y valores que nos definen, pueden ser influenciados por la estimulación cerebral. Te explico: se ha descubierto que nuestras redes neuronales encargadas de los juicios morales residen en el surco temporoparietal derecho de nuestro cerebro. Un experimento en 2010 titulado «Disruption of the right temporoparietal junction with transcranial magnetic stimulation reduces the role of beliefs in moral judgments»[1] mostró que, al inhibir esta área, los participantes juzgaban los crímenes de manera diferente, sin considerar las consecuencias, y optaban por castigos más severos y emocionales, mientras que el grupo sin esta inhibición tomaba decisiones más equilibradas. Este descubrimiento respalda la teoría de que el córtex parietal es clave para integrar la información de nuestros juicios morales y que alterar esta área puede cambiar drásticamente nuestra perspectiva. Es sorprendente cómo una pequeña corriente eléctrica puede tener un impacto tan significativo en nuestra percepción de lo correcto o lo incorrecto. Posteriormente a este estudio se han hecho otros que han certificado que nuestros juicios morales están ubicados en esa área del cerebro.

Déjame compartir contigo algo personal que ocurrió en 2014. Durante el curso sobre cómo aplicar la neurociencia en el ámbito empresarial, participé en un ejercicio de meditación dentro de una máquina de resonancia magnética y me descubrieron de manera fortuita un cavernoma en el cerebro, muy cerca del tálamo. Un cavernoma es como un «nudo» o bulto de vasos sanguíneos muy delgados dentro del cerebro. Se les llama cavernomas porque, al verlos en una imagen como una resonancia magnética, tienen el aspecto de pequeñas cavernas o cuevas. Llevaba ya tiempo investigando por internet esta técnica y la posible compra de un aparato tDCS para estimular eléctricamente mi cerebro y así potenciar mis sesiones de meditación y coaching. Sin embargo, por recomendación médica, debido a mi cavernoma, decidí no comprar el aparato por precaución.

En los últimos años, la música binaural ha ganado popularidad como método para inducir estados mentales específicos mediante las ondas cerebrales. Esta música se crea con dos tonos ligeramente distintos en cada oído, produciendo en el cerebro la percepción de un tono adicional. Al usar auriculares, puedes sumergirte en estados de relajación o concentración según la frecuencia que elijas, replicando las ondas cerebrales alfa, beta, theta, delta o gamma. Mi consejo es buscar audios binaurales auténticos en servicios de confianza como Spotify o Amazon Music en lugar de depender de YouTube, donde la calidad puede ser dudosa.

Pero eso no es todo. Hay una técnica invasiva que promete revolucionar el campo de la neurociencia y viene de la mano de

Elon Musk, el fundador de la empresa Tesla y Neuralink. Esta última ya tiene la aprobación en Estados Unidos desde mayo de 2023 para hacer ensayos clínicos en humanos e implantar un microchip y así crear una «interfaz cerebro-máquina» para leer y escribir información en el cerebro con rapidez. Esto permitiría potencialmente restaurar funciones motoras y sensitivas en personas con discapacidades. Pero la cosa no se quedaría ahí: también promete, en un futuro no muy lejano, aumentar nuestras capacidades cognitivas estimulando nuestro cerebro. Me gustaría saber tu opinión al respecto sobre la idea de implantarte un microchip en la cabeza para ser un «humano mejorado». Salvo por un problema médico severo, tengo que reconocer que, aunque me encanta la tecnología, aún soy de los que tienen cierto reparo a introducirme un microchip en el cuerpo por pura diversión. Si estos microchips son capaces de leer y grabar en tu cerebro, creando nuevas redes neuronales y ondas cerebrales, ¿quién te asegura que no te pueden insertar pensamientos de cualquier tipo y creer que son tuyos? En mi caso sigo eligiendo mejorar mi cerebro y mi mente día a día, entrenándola con constancia y con mucha paciencia con los ejercicios que te explico aquí.

Este libro es una invitación a mejorar la mente de forma consciente y deliberada, sin chips ni atajos. Espero que este breve recorrido por las tecnologías que leen y estimulan nuestro cerebro te haya proporcionado una visión más clara de estas herramientas que, sin duda, serán parte de nuestra vida cotidiana en el futuro próximo.

Las ondas cerebrales

Entender cómo se miden las ondas cerebrales es más simple de lo que parece. Imagina que estas ondas son como la música producida por un coro de neuronas: su fuerza y su ritmo pueden ser captados y medidos. La amplitud de estas ondas es la fuerza del impulso eléctrico, medida en microvoltios, mientras que la frecuencia es el tempo, contado en ciclos por segundo o hercios.

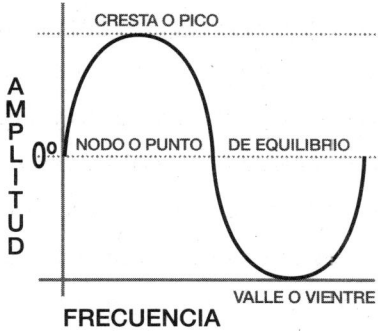

La frecuencia es la clave que nos permite diferenciar entre los cinco tipos de onda cerebral: beta, alfa, theta, delta y gamma. Fue el científico americano William Grey Walter quien perfeccionó el EEG de Hans Berger y pudo detectar todo el espectro de las ondas cerebrales. Lo curioso es que la combinación de estas ondas configura nuestro estado mental y nivel de conciencia, tanto en términos psicológicos como neurofisiológicos.

Los distintos estados de conciencia y consciencia que experimentamos, nos demos cuenta o no, surgen de la combinación de las principales ondas cerebrales: beta, alfa, theta, delta y gamma. Por eso creo firmemente que es de gran importancia que entendamos las particularidades de estas ondas, su utilidad y cómo generarlas, ya que nos permitirá entrenarnos para reproducir la frecuencia deseada y así acceder al estado mental o información que necesitemos.

Como si se tratara de una huella dactilar eléctrica, cada uno de nosotros tiene un patrón único de ondas cerebrales, que se forma a partir de nuestras creencias y cómo interpretamos la vida cotidiana. Por otro lado, existen determinados patrones de frecuencias de onda que se correlacionan con estados de creatividad e imaginación, mindfulness, alto rendimiento, creatividad, experiencias muy fuertes e impactantes o meditación profunda, pero también de enfado, estrés, miedo y cualquier otro estado de conciencia que podamos tener.

Ahora puedes comprender mejor por qué las ondas cerebrales son tan relevantes en la forma en cómo percibimos y vivimos nuestra realidad. Mis propios pensamientos, conscientes o automáticos, estaban componiendo mi patrón único de ondas cerebrales. Esto significa que, con práctica constante, podemos aprender a generar voluntariamente ciertas frecuencias cerebrales para inducir el estado mental que deseamos en cada momento. Cuando conseguimos esto, nuestra mente está más despierta y clara. Nuestras emociones se muestran con más objetividad y son más fáciles de reencuadrar de forma positiva. Mejora considerablemente el flujo de información entre la mente consciente e inconsciente, aumentando su capacidad intuitiva y de «momentos eureka» o *insights* para resolver problemas o liberar nuestra creatividad ante cualquier situación que se nos presente.

Para lograr una comprensión profunda, te guiaré a través de las características de cada tipo de onda cerebral y cómo podemos aprovecharlas para fortalecer nuestra mente. Empezaremos por explorar las ondas de menor frecuencia.

Ondas delta

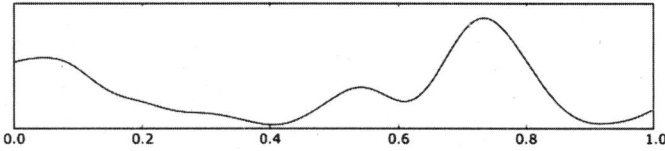

0,1-3,99 hercios o ciclos/segundo, según la fuente

Las ondas delta, que vibran entre 0,1 y 3,99 hercios, son las frecuencias más lentas y más bajas medidas en el cerebro. Podríamos pensar en ellas como en la mente inconsciente, esa parte de nosotros que opera bajo la superficie. Nacen, en gran medida, en el tálamo, especialmente durante las etapas más profundas del sueño, y tienen un papel crucial en la restauración física, la consolidación de lo que hemos aprendido y el crecimiento de nuestras células.

Es una onda muy instintiva y se asocia con ese inconsciente colectivo que Carl Jung exploró, ese vasto océano de conocimiento y experiencia compartido. Mientras dormimos, nuestras mentes se sumergen en él, tocando o intuyendo conocimientos que permanecen ocultos cuando estamos despiertos. Sin embargo, las ondas delta no se limitan al sueño; en vigilia, actúan como un radar que guía nuestra intuición y empatía. ¿Has tenido alguna vez una intuición poderosa sobre una persona o situación? Esos destellos de conocimiento inconsciente se vuelven más claros y frecuentes cuando reducimos el ruido mental a través del entrenamiento constante, lo que nos permite sintonizar con la sabiduría de las ondas delta.

Piensa en esas veces que has sentido un cosquilleo en la base de la nuca al andar solo por un lugar oscuro y has mirado hacia atrás instintivamente. Esa sensación es una alarma que nuestro cerebro primitivo envía al córtex prefrontal, que activa nuestra atención y prepara el cuerpo para responder mediante el sistema nervioso simpático. Esta vigilancia instintiva probablemente tiene raíces en los peligros que enfrentaban nuestros ancestros, tanto por depredadores ocultos en la oscuridad como por amenazas humanas.

Las ondas delta también dominan durante la gestación y los primeros años de vida. En los primeros dos años el bebé duerme más horas que las que permanece en vigilia, lo que fomenta el crecimiento de su cuerpo que llega a duplicarse en esos años. El niño puede estar en una discoteca bajo un ruido ensordecedor y permanecer plácidamente dormido debido a estas ondas delta. Conforme envejecemos, su frecuencia va disminuyendo, pero siguen siendo un hilo conductor a las profundidades de nuestro ser.

De forma negativa, las ondas delta pueden transformarse en trastornos del ánimo, hipervigilancia o hipersensibilidad emocional, lo que activaría constantemente tu estrés y reactividad. También un exceso de estas ondas dificulta las tareas que nos requieren atención, concentración y tiempo de reacción rápido.

Aquí te dejo algunos puntos clave sobre su importancia:

1. **Recuperación y renovación:** Durante el sueño profundo, las ondas delta facilitan la recuperación física y la reparación celular. Al entender cómo inducir estas ondas, podemos mejorar la calidad de nuestro descanso y, por ende, nuestra capacidad para recuperarnos del estrés diario.

2. **Consolidación de la memoria:** Estas ondas juegan un papel esencial en la consolidación de la memoria. Entrenar nuestra mente para potenciar las ondas delta podría resultar en una mejor retención de información y aprendizaje.

3. **Intuición y conexión profunda:** Se asocian con la intuición y una conexión con el inconsciente colectivo. Aprender a interpretar estas ondas puede abrir las puertas a una comprensión más profunda de nosotros mismos y de los demás, mejorando nuestra empatía y comprensión intuitiva.

4. **Estado de conciencia ampliado:** Al sintonizar con las ondas delta, podemos acceder a estados de conciencia que usualmente no están disponibles en el estado de vigilia, permitiéndonos explorar profundidades de nuestra mente que pueden ser fuentes de creatividad y solución de problemas.

Técnicas de entrenamiento para potenciar las ondas delta

A continuación, tienes cuatro ejercicios para tener un mayor acceso a estas ondas:

1. **Escucha música binaural con la frecuencia delta:** Es importante que lo hagas en un ambiente tranquilo, sin distracciones y preferiblemente con los ojos cerrados para maximizar el efecto en tu cerebro.

2. **Practica la meditación:** Si lo haces de forma regular, especialmente antes de dormir, podrás incrementar la producción de ondas delta. Meditar no solo prepara tu mente para un sueño profundo y reparador, sino que también te ayuda a conectarte con ese nivel profundo de conciencia intuitiva.

3. **Ejercita yoga Nidra:** También conocido como «sueño yóguico», es una práctica de meditación guiada que te lleva a través de diferentes fases de relajación y conciencia mientras permaneces tumbado. Aunque el objetivo no es dormir, el estado de conciencia alcanzado en el yoga Nidra se asemeja al del sueño profundo y puede acercar al cerebro a un estado delta. Dispones de una sesión de yoga Nidra guiada por mí dentro de los ejercicios que tienes disponibles en el código QR del inicio del libro.

4. **Tener una rutina de sueño consistente:** Establecer y mantener una rutina de sueño saludable te ayudará a obte-

ner un patrón regular de ondas delta. Esto implica acostarte y levantarte más o menos a la misma hora cada día.

Ondas theta

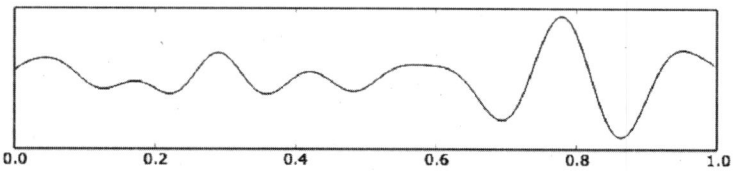

3,5-7,5 hercios o ciclos/segundo, según la fuente

Las ondas theta son como el código secreto que nos permite reescribir el software de nuestra mente. Cuando entramos en un estado theta, nos colocamos en el asiento del programador con acceso directo al sistema operativo subyacente de nuestros pensamientos y creencias. Aquí es donde podemos instalar nuevas creencias que apoyen nuestros objetivos y desinstalar programas obsoletos que ya no nos sirven.

Las ondas theta se generan principalmente en el hipocampo (estructura de la memoria), el córtex prefrontal y el sistema límbico. Son un patrón de actividad cerebral asociado a estados de somnolencia, ensueño y acceso al subconsciente. Predominan en la etapa inicial del sueño, durante el sueño REM, estados meditativos profundos o cualquier otra técnica que nos lleve a esta frecuencia (hipnosis, respiración energética, visualización profunda, etc.). Generan una percepción alterada del tiempo: el no tiempo. Esta percepción distorsionada del tiempo de vigilia tiene lugar, por ejemplo, cada noche cuando dormimos. Nadie tiene la sensación de haber estado durmiendo siete u ocho horas, más bien solo unos pocos minutos.

El subconsciente es el contenedor de la memoria a largo plazo en el que se almacena nuestra creatividad e inspiración junto con experiencias del pasado que hemos reprimido mayormente en nuestra infancia y adolescencia, ya sean positivas o negativas. Todo eso enclaustrado bajo candado y sin acceso a él, a menos que generemos la combinación adecuada de ondas que nos permita dicho ingreso. Las ondas theta son donde ocultamos el equipaje emocional que no deseamos, para lograr conservar despejada y serena nuestra conciencia.

Estas ondas son predominantes desde los dos hasta los seis o siete años, lo cual nos indica que todo lo que entra en el cerebro de un niño de forma visual, auditiva o kinestésica quedará grabado en su subconsciente como si estuviese hipnotizado, primando la emoción a la incipiente o casi nula razón a esas edades. Esto es de una importancia trascendental, ya que prácticamente casi todos los miedos e inseguridades que arrastramos vienen de nuestra infancia (ondas predominantes) y adolescencia (ondas alfa). Estas etapas tan importantes en el devenir de nuestras vidas y que marcarán nuestra etapa adulta, no están caracterizadas por una madurez o una racionalidad patentes, ya que ese periodo vendrá años después, aproximadamente a partir de la veintena, cuando nuestro lóbulo frontal está totalmente operativo.

Por otro lado, las ondas theta también nos proveen de la vivencia de un estado meditativo o entrenamiento mental profundo. Son la llave que abre la puerta de tu interior para poder llegar al fondo con estas experiencias. Es a través de estas ondas como podemos alcanzar los niveles de conexión más profundos con nuestro ser. Cuando estamos equilibrados interiormente, somos capaces de tener vivencias con una claridad total. Por ejemplo, si queremos sanar a nuestro niño interior liberándole del sufrimiento emocional, lo haremos accediendo a esa parte nuestra a través de las ondas theta. Esta reprogramación en nuestro disco duro cerebral nos permitirá sanarle, creando una nueva red neuronal emocional basada en el amor hacia nosotros mismos. Conseguiremos con ello sustituir el antiguo programa mental basado en el dolor que se ejecutaba de forma recurrente en nuestro presente.

Un exceso de ondas theta durante el día puede causar falta de concentración en lo que hacemos, adormecimiento y reducción de nuestro estado de alerta.

Como puedes ver, estas ondas son importantísimas para nuestro desarrollo interior, y es muy recomendable trabajar los bloqueos emocionales que arrastramos de la infancia para desbloquear todo el potencial que estas ondas pueden ofrecernos. Resulta muy complicado tener estabilidad y claridad mental si no nos hallamos en paz con nuestras emociones más profundas.

Las ondas theta y el entrenamiento mental

Las ondas theta son fundamentales en el enfoque y la consecución de objetivos. En el entrenamiento mental, cultivar la habilidad de entrar en el estado theta es fundamental para mejorar la concentración, la creatividad y la capacidad de visualización, elementos clave para alcanzar nuestras metas.

Cuando nos sumergimos en las ondas theta, entramos en un estado de profunda relajación, que es óptimo para la visualización y la programación neurolingüística (PNL). Aquí, la mente se vuelve altamente receptiva a la visualización de metas y afirmaciones positivas, lo que puede influir en el subconsciente para alinear nuestras creencias y comportamientos internos con nuestros objetivos conscientes.

La neurociencia ha revelado que las ondas theta facilitan la neuroplasticidad, esto es, la capacidad del cerebro para reorganizarse formando nuevas conexiones neuronales. En estudios[2,3], donde se ha observado a meditadores experimentados, se ha encontrado que pueden entrar voluntariamente en un estado theta, lo que sugiere una mayor plasticidad cerebral y una habilidad mejorada para remodelar el cerebro hacia estados más optimizados para el logro de objetivos. Entonces, si esto lo extrapolamos al entrenamiento mental de nuestras metas, podríamos decir que la visualización de imágenes del objetivo conseguido de forma repetida estando en este estado theta es el método más indicado para favorecer la neuroplasticidad y la creación de las nuevas redes neuronales donde se visualiza que ya has conseguido lo que te has propuesto. De ahí la importancia de tener bien entrenada la imaginación con esta capacidad, tal y como veremos en el capítulo correspondiente.

Técnicas de entrenamiento para potenciar las ondas theta

Algunos ejercicios que puedes hacer para trabajarte las ondas theta son:

1. **Escucha música binaural:** Cierra los ojos y usa auriculares para escuchar grabaciones de música binaural diseñada específicamente para inducir ondas theta durante al menos diez minutos. Entrarás en un estado muy relajado, pero a la vez despierto y activo.

2. **Sueña tu día por las mañanas antes de levantarte:** Te lo explico en el código QR. Es un ejercicio que llevo haciendo desde hace más de doce años cada día y me ha cambiado la forma de vivir.

3. **Revisión nocturna del día:** Un ejercicio que te ayudará a acceder al estado de ondas theta antes de dormir y poder revisar lo ocurrido en el día que termina, de forma que podrás cambiar mediante la visualización cualquier situación que no haya sido de tu agrado alterando su recuerdo en la mente y convirtiéndolo en positivo. Accede a la explicación completa en el código QR.

Ondas alfa

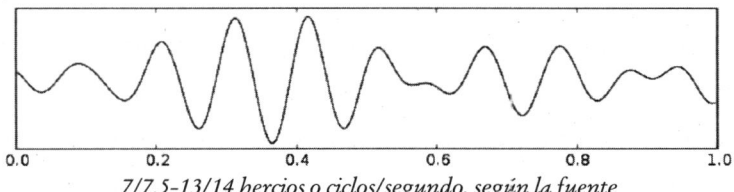

7/7,5-13/14 hercios o ciclos/segundo, según la fuente

Estas ondas son la clave para poder entrenar correctamente tu mente y programarla para que consiga lo que te hace feliz. Es probable que, de todas las ondas cerebrales, si conoces alguna, tal vez sea esta. Se puso de moda hace muchos años cuando comenzó a extenderse el mindfulness y las técnicas de relajación.

Las ondas alfa se originan predominantemente en las regiones occipitales y parietales del cerebro, y se usan para reducir el estrés, la ansiedad o el dolor e inducir estados más relajados. Representan un estado de alerta tranquilo y distante que podemos experimentar cuando cerramos los ojos y dejamos vagar nuestra mente, o durante un estado de calma superficial en el cual somos plenamente conscientes de nuestras divagaciones mentales. También aumentan durante estados de meditación, enfoque y visualización guiada, y aportan claridad y vivacidad a nuestra imaginación. El estado alfa es la puerta a tu mundo interior y su relevancia se debe a que sirve como nexo entre nuestra mente consciente y la subconsciente. Nos posibilita estar al tanto de lo que sucede en nuestros sueños profundos o en estados meditativos de enfoque mental, como por ejemplo en nuestros objetivos.

Aunque no siempre cerraremos los ojos para entrar en el estado alfa, sí es cierto que privarnos del sentido de la vista nos ayudará a entrar con más facilidad en él. Muchos de los ejercicios incluidos en este libro están pensados para fortalecer esta onda y que nos permita entrar en nuestra mente subconsciente manteniéndonos despiertos.

¿Qué pasa entonces si no tengo una onda alfa bien entrenada? Pues que esta puerta al subconsciente no se abrirá y no podré entrar en los estados más profundos de mi mente, como las emociones más arraigadas o los patrones mentales de otras etapas del pasado. Sin alfa, olvidaríamos lo que soñamos o no conectaríamos con nuestro universo interno.

Pero no todo el mundo tiene unas buenas ondas alfa. Por ejemplo, las personas con mucho estrés que acuden a mis procesos de coaching, en el momento en el que les digo que cierren los ojos para hacerles una visualización guiada, habitualmente se relajan tanto que se quedan dormidos. Pasamos directamente de ondas beta a theta, saltándonos las alfa. Porque las ondas alfa nos dicen que estoy relajado, pero consciente. Por tanto, hay que disminuir el estrés para mejorar las ondas alfa.

La creatividad crece en estas ondas. Cuando nuestra mente está en este estado, somos más capaces de pensar «fuera de la caja» y encontrar soluciones innovadoras a los problemas que nos asaltan. Esto es crucial cuando enfrentamos desafíos o buscamos formas nuevas y eficaces de alcanzar nuestros objetivos. Fíjate si son importantes las ondas alfa que, en un estudio de 2009 titulado «Posterior beta and anterior gamma oscillations predict cognitive insight»,[4] se indica que, siempre que aparecen las ondas gamma en un «momento eureka» o *insight*, antes son precedidas de ondas alfa. Si aprendes a valorar los momentos después de despertar por la mañana o de una siesta antes de que la mente esté completamente despierta, te darás cuenta de que es un precioso instante de sintonización con tu canal alfa, durante el cual la información que necesitabas aflora en tu mente como un regalo. Se suele presentar con gran fluidez y nitidez, ya sea evocando el sueño que justo acabas de tener, brindándote una idea genial para solucionar un problema o trayéndote el dato que justo necesitabas. Si quieres despertar al genio de tu mente inconsciente, a su puerta siempre tienes que llamar estando tranquilo.

Las ondas alfa y el entrenamiento mental

Estas ondas también son vitales para el entrenamiento mental, ya que nos permiten acceder a un estado en que la mente consciente puede dialogar con el subconsciente, lo que facilita un enfoque mental y una programación interna efectiva para la grabación y realización de los objetivos que deseamos alcanzar.

Al entrenar nuestra mente para acceder a las ondas alfa, mejoramos nuestra capacidad para enfocarnos. En este estado, la mente está alerta pero tranquila, capaz de procesar información sin la interferencia del estrés o la sobreestimulación. Este es el estado ideal para la planificación de nuestras metas y la visualización creativa, en el cual podemos «ver» con claridad nuestros objetivos y enfocarnos en ellos. Aquí, las instrucciones y afirmaciones positivas pueden ser implantadas más profundamente y llegar a las ondas theta, lo que conduce a cambios duraderos en los patrones de pensamiento y comportamiento mediante la creación de nuevas redes neuronales implantadas en nuestro cerebro profundo.

Además, un estado alfa reduce en gran medida el estrés y la ansiedad, creando un ambiente propicio para el crecimiento personal y el logro de nuestros objetivos. El estrés es un enemigo del enfoque y la claridad mental; al dominar alfa, podemos mantener la calma incluso en situaciones muy complicadas, lo que es esencial para mantenernos en el camino hacia nuestras metas.

Técnicas de entrenamiento para potenciar las ondas alfa

Aquí tienes varios ejercicios en los que podrás generar estas ondas tan beneficiosas. Te animo a que los pongas en práctica para generar más alfa. Son realmente sencillos de hacer y muy gratificantes.

1. Meditar durante diez minutos o más poniendo la atención en la respiración nasal o abdominal. Este ejercicio lo tienes muy bien explicado en el código QR.

2. Al relajarte completamente con los ojos cerrados en una siesta corta durante la tarde, tu actividad cerebral pasa de estado beta a alfa. Son esos momentos de cabeceo, con la imaginación vívida casi entrando en las primeras fases del sueño, cuando aparece. ¡Y lo bien que sienta la siesta!

3. Otro ejercicio consiste en tomar una ducha caliente y placentera, cerrando los ojos y enfocándote solamente en las sensaciones relajantes del agua tibia. Entonces es

probable que aumente la amplitud de tus ondas alfa. Esto se debe al efecto calmante del agua caliente y a la sensación de introspección que nos induce el baño. ¿A que has tenido algún momento eureka estando en la ducha relajado?

4. Otra actividad sencilla es salir a caminar sin prisa en un entorno natural agradable, prestando atención de forma consciente a los sonidos y olores a tu alrededor. Aquí emerge el estado mental alfa de consciencia relajada y meditativa.

5. Por último, siéntate en un banco o en una silla al sol y cierra los ojos. Suelta tu mente, siente cómo los rayos solares calientan tu piel, y déjate llevar por esa sensación tan agradable y beneficiosa. Este estado de paz y tranquilidad generado por la serotonina favorece el estado alfa del cerebro. Además, según los expertos, tomar el sol del mediodía al menos diez minutos diariamente ayudará a mejorar el estado de ánimo, generar vitamina D, disminuir la presión arterial, y fortalecer los huesos, los músculos e incluso el sistema inmunológico.

Ondas beta

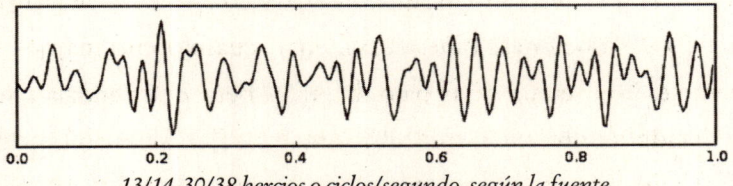

13/14-30/38 hercios o ciclos/segundo, según la fuente

Las ondas beta se originan en la corteza frontal y en áreas frontoparietales, en la zona superior del neocórtex. Son las más rápidas de todas las vistas anteriormente y las más habituales del estado de vigilia y alerta. Solemos estar todo el tiempo en este estado cuando nos relacionamos con nuestro exterior, incluyendo nuestra comunicación con otras personas en forma de opiniones, juicios, valores, críticas, alabanzas y, en general, con los roles y diferentes máscaras que nos ponemos al relacionarnos. Son las ondas del cerebro pensante que no calla y nos habla en cada momento. Expresamos los pensamientos mediante el lenguaje.

Las ondas beta, por sí solas, corresponden a una forma superficial y veloz de vivir. Es importante su combinación con otras ondas para el desarrollo de nuestro estado de conciencia, la percepción del tiempo de forma lineal (no como las ondas theta) y el espacio 3D en el que vivimos. De alguna forma, se hallan presentes cuando estamos viviendo la realidad que nos transmiten nuestros sentidos.

Las ondas beta y el entrenamiento mental

Para nosotros, el estado beta es muy importante porque desempeña un papel protagonista en el razonamiento, la toma de decisiones, la atención, el enfoque y la autoconsciencia de pensamiento y emociones. Nuestro objetivo cuando entrenamos la mente es estar en un nivel bajo de ondas beta, que vendría a ser un estado de presencia con calma interior. En el estado beta de nivel bajo, nuestra mente está despierta, enfocada y lista para enfrentar los desafíos cotidianos con una actitud calmada y calculada. Este estado nos permite estar completamente inmersos en nuestras tareas sin caer en la distracción o la sobreestimulación sensorial. Aquí, nuestra capacidad para el enfoque consciente es primordial para dirigir nuestra energía y atención hacia lo que realmente importa, asegurando que cada paso que damos sea en dirección hacia nuestras metas. Por otro lado, estar en este nivel de ondas beta nos va a permitir comunicarnos con el mundo exterior desde el equilibrio, pensando en el bien del otro y cultivando la empatía, la compasión y el amor verdadero. Mantener esta frecuencia a diario exige un cierto entrenamiento mental, aunque si eres constante, los resultados se ven enseguida.

Lo primero que conseguimos es un equilibrio entre beta y alfa, pudiendo alternar entre estos estados según sea necesario. Las ondas beta nos preparan para la acción y el análisis, mientras que las alfa nos permiten reflexionar y recargar energía. Al mejorar nuestra capacidad para mantener una atención sostenida y enfocada, mejoramos también nuestra memoria de trabajo, lo cual es esencial para seguir el progreso hacia nuestros objetivos y realizar las correcciones de curso necesarias.

Como punto negativo de las ondas beta, señalemos que un exceso puede conducir a estrés, ansiedad, pánico, juicio excesivo y pensamientos obsesivos que no podemos cancelar. Es lo que llamamos estar en «beta alta» o tener la mente sobreactivada en continuo estado de alerta y distracción. Por desgracia, debido al ritmo frenético de vida que llevamos, muchas personas —igual tú eres una de ellas— sufren de este mal que, lejos de ir disminuyendo, se incrementa por el entorno cada vez más estresante e inestable en el que vivimos. Además, el exceso de cortisol que nos provoca «beta alta» inhibe nuestra creatividad, el aprendizaje y la memoria. ¿Cuántas veces has salido de casa muy estresado y, al llegar al coche, te has dado cuenta de que te has dejado las llaves en casa o el papel tan importante que tenías que entregar?

Técnicas de entrenamiento para potenciar las ondas beta

A continuación te detallo algunos ejercicios que te ayudarán a estimular las ondas beta de una forma equilibrada y beneficiosa y a mantenerte en «beta baja»:

1. **Meditación mientras caminas:** Pasea lentamente prestando plena atención a las sensaciones corporales y a la respiración. Entrarás en un estado de relajación y presencia. Yo siempre la practico en los retiros de meditación Vipassana que le organizo a mi maestro Lobsang Zopa.

2. **Escucha sonidos estimulantes:** Ponte música instrumental o sonidos de la naturaleza, como de olas o viento. Me encanta escuchar este tipo de música mientras hago tareas administrativas o de creatividad.

3. **Háblate como si fueses tu mejor amigo:** Ten un diálogo interno amistoso, empático y cariñoso contigo mismo, tal y como le hablarías a tu mejor amigo. Hace años que aprendí que el exceso de exigencia y perfeccionismo me causaba estrés y me hacía muy infeliz.

4. **Ejercicios de visualización guiada:** Visualiza escenas vivas y emocionales que te generen un estado de tranquilidad y confianza.

5. **Ten un cuaderno de gratitud:** Tal y como te explicaré, este tipo de cuaderno mejorará tu enfoque y estado de ánimo. Yo, cada mañana y cada noche, agradezco todo lo que la vida me está dando.

6. **Respiración cuadrada para calmar la mente:** Inspira contando hasta cuatro, retén cuatro segundos, espira cuatro más y retén otros cuatros segundos. La respiración es la mejor herramienta para calmarnos, ¡úsala!

Te recomiendo una App para tu móvil, Petit Bambou, en la cual encontrarás diferentes tipos de ejercicios para disminuir el estrés y calmar la mente. La clave es dar con actividades que fomenten un estado de atención enfocada, pero sin estrés mental. Las ondas beta moderadas siempre van a mejorar tu rendimiento mental. Por suerte, es lo que vamos consiguiendo cuando somos constantes en nuestro enfoque mental diario.

Ondas gamma

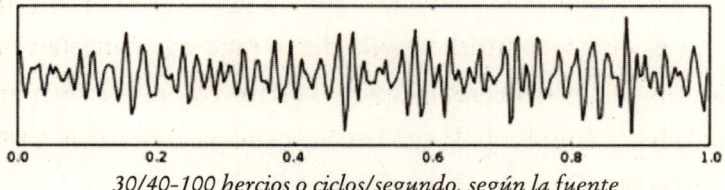

30/40-100 hercios o ciclos/segundo, según la fuente

Cuando preguntas a las personas qué es lo que más desean, casi todas contestan que ser felices.

¿Y si te dijese que existen unas ondas en el cerebro que permiten obtener esa felicidad? ¿Te gustaría estar en esa frecuencia el mayor tiempo posible? Si me preguntases a mí, te contestaría con un rotundo ¡sí! Estas maravillosas ondas gamma también se conocen como ondas de la bendición, del ¡GUAUUU!, de la verdadera felicidad o de «entrar en zona». Son las ondas con las que sacarás todo tu potencial y serán el premio que te llevarás cada día por hacer los ejercicios de enfoque mental y meditación.

De entre todas las anteriores, las ondas gamma tienen las frecuencias más rápidas. Sus patrones de actividad eléctrica cerebral oscilan por encima de los treinta hercios. Fueron descubiertas en los años cuarenta por el neurocientífico Adolf Beck, pero no se supo su función hasta décadas después.

En el año 2005 un estudio titulado «Human gamma-band activity: a window to cognitive processing»[5] pudo demostrar que las ondas gamma están relacionadas con funciones cognitivas superiores como la atención, el enfoque, la percepción y la consciencia. Mayormente se originan en el tálamo, la corteza frontal y el hipocampo. Al ser de una frecuencia tan alta, podríamos imaginarnos todo el cerebro, con el tálamo inundado de luz eléctrica, como el destello de un rayo que conecta diferentes regiones del cerebro que necesitan comunicarse y sincronizarse entre sí rápida y estrechamente para procesar información compleja que necesita integrarse.

Otro estudio de 2009, «Posterior Beta and anterior gamma oscillations predict cognitive insight»,[6] nos dice que, cuando nos encontramos en momentos de revelación (los famosos «momentos eureka», «ajá» o *insight* de los que ya te he hablado), es cuando estas ondas suelen ser más prominentes. ¿Cuántas veces te has acostado con un problema al que no le encontrabas una solución y, al día siguiente, mientras te levantabas o estabas en la ducha, te ha venido la solución como un fogonazo? Yo mismo he podido comprobar cómo desde que comencé a entrenar mi mente a diario, hace más de una década, con los ejercicios que te explico aquí, mis «momentos eureka» han aumentado considerablemente, así como mi creatividad.

Si tuviese que simplificar al máximo este libro, te diría que este va sobre cómo potenciar las ondas gamma para que tu mente pueda vivir esta realidad dando lo mejor y viviendo la vida que deseas. Lo increíble de todo es que se ha comprobado que la meditación enfocada en la compasión está vinculada con un aumento en la actividad gamma.

¿Conoces al hombre más feliz del mundo? Seguro que has oído hablar de él. Pues bien, el neurocientífico Richard Davidson estudió las ondas gamma del monje budista Matthieu Ricard, considerado «el hombre más feliz del mundo» porque presentó niveles de ondas gamma nunca antes vistos en voluntarios de investigaciones similares cuando estaba meditando sobre la compasión. La neurociencia confirma lo que nuestro corazón nos ha demostrado siempre: que el amor y la compasión por uno mismo y el prójimo son las fuerzas más poderosas que tiene el ser humano para elevarse y conseguir la felicidad interior.

Recuerdo que una vez le pregunté a mi maestro de meditación Lobsang Zopa si conocía a Matthieu Ricard. Me miró y me dijo con su acento andaluz, esbozando una sonrisa: «¡Sí, es muy gracioso!».

Las ondas gamma y el estado de flow

Seguro que habrás oído hablar en muchas ocasiones de ese estado maravilloso llamado «fluir» o *flow*, y, posiblemente, lo hayas conseguido en ciertos momentos en los que has estado muy concentrado en alguna tarea que te gustaba. El concepto de *flow*, estado de experiencia óptima o «momento blanco» fue desarrollado por el psicólogo italiano Mihály Csíkszentmihályi, quien estudió desde los años setenta las experiencias que permiten a las personas ser felices.

Después de miles de entrevistas y tras analizar los datos que obtuvo, llegó a definir un estado muy particular de conciencia que comenzó llamando «experiencia autotélica» y que finalmente denominó *flow*, por ser este el término al que más hicieron alusión sus entrevistados al hablar de sus experiencias. Csíks-zentmihályi lo definió como:

Un estado en el que la persona se encuentra completamente absorta en una actividad para su propio placer y disfrute, durante el cual el tiempo vuela y las acciones, pensamientos y movimientos se suceden unos tras otros sin pausa. Todo el ser está envuelto en esa actividad y la persona utiliza sus destrezas y habilidades, llevándolas hasta el extremo.

En esos momentos nos sentimos en un profundo sentimiento de gozo creativo, de concentración activa, de absorción en lo que se está haciendo y que se convierte en un referente de cómo nos gustaría que fuese la vida. En esencia, el ego desaparece, solo hay presencia y atención plena en lo que se realiza. ¿Recuerdas qué ondas cerebrales te llevan a este estado tan deseado? ¡Correcto! Las ondas gamma.

Para que entremos en el estado de *flow*, tiene que haber equilibrio entre el reto que nos hemos planteado y las capacidades que poseemos. Si el desafío es muy superior a nuestras capacidades, posiblemente entraremos en un estado de ansiedad. Por el contrario, si nuestras aptitudes se encuentran muy por encima del reto planteado, entraremos en un estado de aburrimiento y desmotivación. Por eso el reto y las capacidades deben estar equilibradas: sabemos que nos tenemos que esforzar, pero también sabemos que estamos en condiciones de superar el objetivo.

Técnicas de entrenamiento para potenciar las ondas gamma

Para aumentar la actividad gamma, podemos emplear una variedad de técnicas de entrenamiento mental:

1. **Meditación compasiva:** Practicar la meditación enfocada en la compasión y la bondad aumentará tus ondas gamma, según diferentes estudios, como los realizados por Richard Davidson.

2. **Visualización creativa:** Imaginar vívidamente escenarios en los que logras tus objetivos también estimulará la actividad gamma en tu cerebro, vinculando tus deseos con tus capacidades cognitivas.

3. **Practicar la atención plena:** Presta atención consciente al momento presente y tus ondas gamma aumentarán, mejorando la concentración y la percepción.

En resumen, las ondas gamma son esenciales para mejorar nuestra capacidad de enfoque y aumentar la percepción y la consciencia. A través del entrenamiento mental, como la meditación, podemos potenciar nuestra actividad gamma y, potencialmente, optimizar nuestras capacidades cognitivas y nuestra conexión con el mundo que nos rodea.

Conclusión

Antes de concluir este capítulo, y después de haber visto las diferentes ondas que genera tu cerebro, te pondré dos ejemplos muy diferentes que explican de forma simple la interacción entre estas ondas en todo momento.

Ejemplo 1

Piensa en tu comida favorita, digamos, una hamburguesa. Cuando evocas la imagen mental de una jugosa hamburguesa en tu mente, se activan distintas áreas sensoriales y de memoria en tu cerebro:

- La corteza visual genera la imagen visual de la hamburguesa.
- Las áreas olfativas recuerdan su olor característico.
- Las cortezas gustativa y somatosensorial recrean la sensación imaginada de morderla (comenzamos a salivar).
- La corteza prefrontal coordina estos detalles en una representación integrada.
- Se activan los circuitos de recompensa y memoria, y se revive el placer de comer la hamburguesa (¡la deseas ya!).

Toda esta actividad mental tan compleja se manifiesta externamente en tus ondas cerebrales. Por ejemplo, podría detectarse un aumento en la amplitud de las ondas beta, relacionadas con los procesos de atención y conocimiento activo.

Ten en cuenta que las ondas cerebrales no son el pensamiento en sí mismo, sin embargo, reflejan los cambios eléctricos generados cuando diferentes redes neuronales se activan para producir la experiencia interna de imaginar una hamburguesa. Es una ventana a los complejos procesos que subyacen a un pensamiento.

Ejemplo 2

Imagina que te sientas en posición de meditación, cierras los ojos y enfocas tu atención en tu respiración (Anapanasati). A medida que te concentras en las sensaciones de tu inhalación y exhalación, tu mente se aquieta y en tu cerebro comienzan a producirse cambios:

- Disminuye tu actividad en la red neuronal por defecto (RND), encargada de la divagación mental.
- Se reduce la amplitud de tus ondas beta, relacionadas con el pensamiento activo.
- Aumenta la presencia de ondas alfa, vinculadas con la calma mental y la relajación.
- Surgen ondas theta, asociadas a la introspección y el acceso al subconsciente.
- Todo ello te induce a un estado de consciencia tranquilo, introspectivo y concentrado.

Como puedes observar, el acto de meditar modifica tus patrones de frecuencias cerebrales, que se manifiestan en cambios medibles en diferentes tipos de ondas. Si bien las ondas no son la meditación en sí misma, sí que reflejan los efectos de esta sobre la actividad eléctrica de tu cerebro, permitiéndote cuantificar los cambios mentales provocados al meditar.

En conclusión, como puedes observar, hay un mundo por descubrir en tus ondas cerebrales. Mi reto contigo es que comiences a entrenar a diario tu mente para que te conviertas poco a poco en el mago que cree la magia eléctrica en tu cerebro y dé lo mejor en cada momento.

4

EL PODER DEL LADO OSCURO DE LA MENTE

> Tu peor enemigo siempre será tu mente,
> porque ella conoce todas tus debilidades.
>
> BUDA

Yo pertenezco a una generación de niños que nos enamoramos de las películas y series de ciencia ficción en los setenta. Recuerdo que con siete años fui al estreno de la película *Star Wars (La guerra de las galaxias)*. Fue tal el impacto que me causó que llegué a verla dos veces más. Nunca olvidaré a mi abuela durmiendo plácidamente en la butaca mientras me acompañaba.

Cuando vi por primera vez al maestro jedi Obi-Wan Kenobi explicando lo que era la Fuerza, esa energía presente a lo largo del universo y que todo lo impregna, me dije que yo también sería un jedi y que usaría la Fuerza para hacer el bien. Por supuesto, aún no entendía que esa Fuerza que todos llevamos dentro, usada incorrectamente, podría tornarse en nuestro lado más oscuro y tenebroso, como bien le había ocurrido a Darth Vader en la película.

No sé si coincidirás conmigo, pero muchas de las películas que vemos en el cine representan estereotipos y patrones de la mente colectiva. *Star Wars* simboliza la lucha que las personas lidiamos en nuestro interior, la del lado bueno y el malo, todo ello enmarcado en un vasto universo de batallas espaciales. Por una parte, el lado oscuro, fácil y seductor, se orienta a la gratificación instantánea y la comodidad, pero termina limitando nuestro progreso y nos roba la habilidad de convertirnos en la mejor versión de nosotros mismos. Por otra parte, el lado de la luz se basa en el recto esfuerzo, la integridad y la coherencia interna junto con la determinación para hacer el bien y vivir el propósito de vida que cada uno de nosotros nos marcamos.

Todos tenemos la fuerza de nuestra mente cuántica para manifestar abundancia y milagros o crear todo tipo de maldades, dependiendo del tipo de mago o jedi que representemos en cada momento. Pero no es fácil: el cerebro más primitivo, como te expliqué en otro capítulo, busca el placer y evita dolor o sufrimiento, caiga quien caiga, además de estar en un estado de supervivencia casi perpetuo. De ese lado oscuro surgen los diferentes autosaboteadores mentales que tenemos. Son limitaciones que llevamos dentro, que se activan sin que seamos plenamente conscientes y actúan en contra de nuestros objetivos, metas y sueños, impidiéndonos avanzar aun cuando una parte de nosotros desea hacerlo.

En este capítulo voy a centrarme exclusivamente en aquellos autosaboteadores que, desde mi punto de vista, limitan nuestro entrenamiento mental y nos impiden enfocarnos correctamente en la consecución de objetivos. Todos los que expondré aquí los he vivido y sigo experimentándolos en menor medida gracias a mi entrenamiento diario, pero te engañaría si te dijese que ya me he deshecho de ellos. Están muy relacionados entre ellos e incluso pueden parecer casi iguales, pero hay matices; por eso los explico por separado. Como siempre reitero en mis cursos y directos por Instagram, todos los días encuentro chapapote en mi interior, pero, por suerte, cada día sale un poco menos.

Los pensamientos negativos automáticos (ANT)

Los pensamientos automáticos negativos (ANT, en inglés) son esa consecución de mensajes críticos, pesimistas y de amargura que aparecen en la mente de forma involuntaria, a modo de diálogo interno, ante determinados detonantes o situaciones que la mente interpreta como amenaza. ¿De dónde vienen estos pensamientos? Pues surgen de creencias limitantes que hemos interiorizado con antelación sobre nosotros mismos y nuestro entorno, a partir de experiencias adversas de la infancia o adolescencia, de frases negativas que nuestros padres, educadores y figuras de autoridad nos dijeron de forma reiterada, miedos infundados, modelos sociales equivocados, etc. Estos pensamientos se activan frente a situaciones que nos sacan de nuestra zona de confort, o que nos generan incertidumbre o miedo al fracaso, al rechazo y a la pérdida.

En mi caso, gran parte de estos pensamientos negativos automáticos se crearon en la infancia y preadolescencia, afectando muy negativamente a mi autoestima. La vergüenza, la timidez y el miedo a no ser capaz de cumplir las expectativas fueron la piedra angular de mi pesimismo durante tantos años en la etapa de adolescente, y aún hoy en día, el miedo a no ser capaz de alcanzar mis metas sigue presente en cierta medida. Gracias al trabajo de años con «el niño interior», mi parte más vulnerable y sensible, he podido ir creando nuevas redes neuronales basadas en el amor, el perdón y la aceptación, que poco a poco han ido sustituyendo a las redes negativas de etapas anteriores. Poder usar el lóbulo frontal del cerebro, donde la mente adulta y sensata puede poner orden y equilibrio entre tanta emoción desbocada, es clave para tener un diálogo mental positivo y enfocarnos con determinación hacia los objetivos propuestos.

Los ANT nos lastran y boicotean cuando pretendemos salir de la zona de confort para conseguir un nuevo objetivo o enfrentarnos a un desafío. ¿Te has parado a pensar por un momento de qué modo te limitan tus pensamientos automáticos negativos? ¿Cómo te enfrentas a ellos para continuar avanzando hacia tus metas? Habitualmente estos pensamientos se manifiestan en el cuerpo como una cierta resistencia que podríamos identificar como estrés o miedo que, a su vez, activa tu sistema nervioso simpático y te ponen tenso y en alerta. Entonces la mente busca la forma de encontrar una solución a esta situación de estrés, pero como tú mismo la has creado por tu pensamiento negativo sobre tu incapacidad para solventar la situación con éxito, la mente buscará cualquier justificación para no enfrentarse y salir parada de la mejor manera posible. Todo esto ocurre, y escucha con atención, en cuestión de milisegundos o muy pocos segundos antes de que tomes la decisión. Cuantos más ANT tengas, más difícil te será salir del círculo vicioso de la negatividad y te sentirás estancado o en gran parte paralizado para hacer grandes cambios en tu vida; esto incluye tus metas y sueños más anhelados. Además, hay otro problema añadido cuando tienes muchos ANT, y es que tu atención mental se centra en ellos y no en lo que realmente deseas pensar. De alguna forma, es como si estuvieses alimentando al lobo que te muerde la mano, cada vez se hará más fuerte y no te dejará escapar.

Si en algún momento te has sentido así, ¡no te preocupes! Hay varias técnicas que pueden ayudarte a transformar estos ANT. La meditación en la respiración, las afirmaciones o decretos mentales positivos, conocer tus valores y propósito de vida, tener claras tus metas y hablarte con más cariño son ejercicios muy efectivos que puedes hacer para neutralizarlos. Todos están explicados a lo largo de los diferentes capítulos de este libro.

Sacando la basura mental

Quiero explicarte a continuación una de las mejores técnicas que he practicado para sacar los ANT de mi mente en días muy muy complicados, aunque la puedes utilizar a diario si lo deseas.

Cada día vamos acumulando esos pensamientos negativos que no nos aportan nada bueno y que, por otro lado, son bastante repetitivos. Son como los desperdicios que se acumulan en casa al final de la jornada, los vamos tirando al cubo de la basura y cuando la bolsa está llena, la cerramos para sacarla a la calle y que el camión se la lleve. Todos sabemos los terribles efectos que tiene no sacar la basura; seguro que tienes alguna experiencia al respecto que no deseas que se repita.

Siguiendo con esta analogía, ¿cuándo sacas tú los «pensamientos basura» afuera para que tu mente no huela mal? ¡Nunca! Y ahí estriba el problema. No sabemos cómo sacarlos y nuestra mente acaba intoxicada por la cantidad de basura mental que acumulamos día tras día.

El ejercicio que te voy a explicar ahora se llama «sacar la basura mental», y es algo sencillo y a la vez muy efectivo. Todas las noches, antes de meterte en la cama, toma una hoja de papel y un bolígrafo; siéntate tranquilamente y escribe todos esos pensamientos negativos que te han ido asaltando a lo largo del día. Esos que te dicen que no puedes, que no vales, que es mejor no intentarlo, etc. Escríbelos todos, uno por uno, procura no dejarte ninguno. Después, coge un recipiente en donde puedas quemar ese papel con tus pensamientos negativos (siempre con cuidado y en un lugar seguro) y, mientras el fuego lo consume, pon la intención mental en que esa energía tóxica ya no te hará más daño ni a ti ni a las personas que interactúan contigo. El fuego tiene un carácter purificador, que «quema» la energía negativa para convertirla en neutra.

Si no dispusieses de un lugar o utensilios para poder quemar la lista, rómpela en muchos pedazos y échala a la basura, poniendo la intención en que esos pensamientos ya no están dentro de ti, sino en la basura. Recuerda que lo importante no es lo que haces, sino con qué intención lo haces. Para terminar, céntrate en la gratitud. Piensa en al menos tres cosas por las que estés agradecido ese día y siéntelas de verdad. Así, reemplazas la negatividad con positividad justo antes de dormir.

Una última cosa: si tuvieses muchos ANT durante el día, puedes realizar este ejercicio las veces que sea necesario, en cualquier momento. Solo tienes que tener un papel y un bolígrafo para apuntar los pensamientos basura y luego romper esa lista.

Como te he comentado al principio del ejercicio, yo lo practico cuando mi mente está muy negativa. Me ayuda a limpiarla y a recargarla con pensamientos que sí me ayudan a avanzar hacia lo que quiero. Pruébalo tú también y verás como, con el tiempo, tu mente estará más despejada y enfocada en lo que realmente importa.

El ruido mental

Aunque puede parecer que los pensamientos negativos automáticos forman parte del ruido mental, y así es, estos actúan y nos influyen de forma diferente porque no son lo mismo. La gran diferencia es que el ruido mental es un exceso de pensamientos involuntarios, superficiales y que a menudo no sirven para nada, que saturan la mente impidiendo que nos podamos concentrar, a diferencia de los ANT, que son pensamientos negativos sobre uno mismo que surgen de repente en nuestra cabeza ante determinadas situaciones que nos generan inseguridad o miedo.

Cuanto más estresante sea nuestra vida, más ruido mental tendremos. Cuando estamos sometidos a muchos estímulos externos y responsabilidades, la mente no entrenada salta constantemente de un pensamiento a otro sin profundizar en nada, como si de un perro se tratase cuando ve y huele la orina de otros perros. Esto acaba generando una sensación de dispersión que nos agota tanto física como mentalmente. Además, tenemos la falsa creencia, basada en la exigencia, de que podemos y debemos abarcarlo todo a la vez. ¿Hace cuánto tiempo que no ves una película sin el móvil a tu lado o lees un libro sin ninguna distracción? Este autosaboteador es el culpable de ello.

Si me preguntasen cuál es el autosaboteador que más bloquea nuestra capacidad de focalizar lo que realmente importa, te diría sin lugar a dudas que el ruido mental. Nos distrae una y otra vez, impidiendo que podamos enfocar nuestra energía en conseguir objetivos concretos. Al final, terminamos procrastinando, cometiendo errores o abandonando a la mitad nuestro propósito por los despistes que tenemos al no tener la atención en lo que estamos haciendo. Nos sentimos atrapados entre una interminable lista de cosas que hacer que no se acaba nunca, generándonos más y más estrés y ruido mental. Sin quererlo, nos hemos metido en esa jaula de oro que nos mantiene cautivos con la promesa de vivir felices y ser los más productivos del lugar.

En los retiros de silencio y meditación a los que acudo con mi maestro Zopa, puedo observar en cada una de las jornadas y en cada meditación la cantidad de pensamientos absurdos e insustanciales que corren por mi mente, sobre todo el primer y segundo día. Cuesta imaginar, hasta que lo compruebas, que esos pensamientos son tuyos y te están robando energía. Según avanza el retiro, van disminuyendo en intensidad y cantidad, dando paso a momentos de calma mental en los que estás a solas con la respiración, sin prestar atención a todos esos procesos mentales que aparecen y desaparecen por tu mente.

Acabo de darte una pista importante sobre una de las mejores técnicas para disminuir el ruido mental: la meditación que pone la atención en la respiración. Este ejercicio, que considero la base de la atención mental, lo tienes para practicar, si lo deseas, en el código QR del inicio del libro con una meditación guiada del Maestro Zopa.

Otra herramienta que disminuye en gran medida este autosaboteador es procurar tener una vida honrada y sencilla, disfrutando día a día de tus hobbies, de caminar o hacer deporte, y teniendo presente no hacer al prójimo lo que no deseas que te hagan a ti. Dedícate tiempo, aunque tu ego te diga que no es productivo hacerlo. Y sobre todo, ¡vuelve a aburrirte de vez en cuando! Es muy sano para tu mente y mejora la creatividad.

La mente errante

¿No te ha pasado nunca que, al charlar con tus amigos, de repente, tu mente desconecta y empiezas a pensar en tus cosas, sin prestar atención a la conversación durante unos minutos y perdiendo el hilo? ¿O que alguna vez hayas querido leer un libro o estudiar después de comer y, a los pocos minutos, has notado que entrabas en una especie de sopor, de forma que leías las frases sin enterarte de su significado porque tu mente había empezado a divagar y casi te quedas dormido?

Bienvenido al maravilloso universo de ilusión y fantasía de la mente errante que consiste en la «excesiva» tendencia que tiene nuestro cerebro a divagar y flotar entre distintos pensamientos sin que haya un hilo conductor claro. Normalmente aparece cuando llevamos mucho rato concentrados en algo que hacemos y el cerebro necesita un pequeño descanso para asimilar mejor la nueva información que le estás introduciendo, o comenzamos a aburrirnos de la tarea que estábamos haciendo. Seguro que en tus tiempos jóvenes, cuando estudiabas para un examen muy importante, te concentrabas durante un tiempo, pero a la mínima tu mente acababa evadiéndose con las vacaciones de verano o lo que ibas a cenar esa noche, sin lograr regresar fácilmente al temario. Estas distracciones involuntarias hacían muy difícil progresar en lo que te habías propuesto estudiar, ¿te suena? Yo lo recuerdo como si fuese ayer, pasaba una mosca y me distraía con ella, cualquier cosa antes que hincar los codos.

Hay un estudio de 2015 llevado a cabo por Microsoft Canadá que indica que nuestra atención sostenida apenas llega a los 20-25 minutos de media cuando estamos realizando una tarea. Después de ese tiempo, la mente busca cualquier excusa para dispersarse. Por eso cuesta tanto leer un libro entero sin interrupciones o atender una conferencia de varias horas sin despistarse. Esto lo vivo habitualmente en las formaciones de coaching que imparto online. La videoconferencia es una herramienta fabulosa para dar charlas o clases y llegar a cualquier rincón del mundo, pero implica una mayor necesidad de atención por parte del alumno, cosa complicada si la temática y la exposición no son amenas y experienciales. No es de extrañar que la mayor parte de los estudiantes acaben navegando por internet o respondiendo correos mientras están en clase. Si vamos al tiempo máximo de atención focalizada mientras navegamos por la red, el mismo estudio nos indica que este es de ocho segundos, muy por debajo de investigaciones anteriores similares, que recogen que la atención focalizada es de doce segundos de media. Si nos ceñimos a los resultados numéricos, está claro que vamos hacia atrás como los cangrejos, ¡cada vez tenemos menos atención focalizada! Pero otros estudiosos de la materia nos dicen que esto no tiene por qué ser negativo. Cada día pasamos más tiempo navegando por internet, y como el cerebro tiene la habilidad de especializarse, ha desarrollado una atención selectiva para buscar en menos tiempo lo que necesita cuando consulta una página web.

Recordemos que mantener la atención en algo obliga al cerebro a gastar más glucosa, de ahí que, salvo que haya una recompensa química inmediata a cambio, o un verdadero peligro, tu cerebro más automático y ahorrador te generará un cierto estrés para que dejes de enfocarte y vuelvas a dispersarte. La tecnología y, más en concreto, el móvil se ha convertido en nuestra máquina personal de generación de dopamina y gratificación inmediata, consiguiendo que nuestra atención esté constantemente pendiente de los dispositivos como mecanismo de evasión del estrés en las tareas que realizamos. Cada vez dedicamos más tiempo de entretenimiento al smartphone en detrimento de otros hobbies más gratificantes, como quedar con amigos o enfocarnos más tiempo en nuestras metas. Es parecido a dar caramelos en la puerta de un colegio, ¡casi ningún niño podría resistirse a ello! De ahí la necesidad de entrenar la mente a diario y fortalecer la corteza prefrontal del cerebro, para que podamos potenciar la fuerza de voluntad en la consecución de los objetivos propuestos, sabiendo posponer la gratificación inmediata que recibiremos cuando lleguemos a la meta.

Un estudio de 2019 titulado «Why does the mind wander?»,[1] sugiere que la mente errante no es simplemente una fuga de nuestra atención, sino un complicado proceso cognitivo que nos proyecta al futuro y a pensar en necesidades que no están en el presente. Esto sugiere que, aunque la mente esté distraída, en realidad podría estar ocupada en una especie de planificación inconsciente del futuro. Incluso se observó que, al preguntar a las personas sobre sus objetivos, la mente errante puede incrementarse, lo que podría interpretarse como un intento del cerebro por resolver problemas pendientes.

Hay otro estudio de 2010, «A Wandering Mind Is an Unhappy Mind»,[2] publicado en la revista *Science*, que nos viene a decir que a las personas que pasan una gran cantidad de tiempo divagando mentalmente se las correlaciona con niveles más altos de infelicidad. Es más, se descubrió que divagar sobre temas neutros o hasta positivos parecía ser menos gratificante que estar presente en el momento actual, y que la mente tiende a dispersarse más pensando en asuntos negativos.

Pero no todo está perdido, hay maneras de reducir la mente errante. De nuevo la meditación y la atención plena son técnicas que nos ayudarán a entrenar la mente para permanecer en el presente. Otra técnica que fomenta la concentración y la eficiencia al limitar las interrupciones y ayudar a mantener un enfoque sostenido en la tarea es la técnica Pomodoro. Esta técnica es un método de gestión del tiempo que implica trabajar en bloques de 25 minutos, llamados «Pomodoros», seguidos de breves pausas de cinco minutos. Después de cuatro Pomodoros, se hace una pausa más larga de quince a treinta minutos. La técnica Pomodoro debe su nombre al temporizador de cocina en forma de tomate que Francesco Cirillo, su creador, utilizaba para marcar los intervalos de tiempo mientras era estudiante universitario.

Resumiendo, lo más recomendable es usar la mente errante mayormente para procesos creativos y generación de nuevas ideas, pero no para evadirse del momento presente, ya que nos generará a la larga infelicidad y, sobre todo, falta de foco y constancia con los objetivos.

La procrastinación

¿Cuántas veces has tenido tiempo suficiente para ocuparte de alguna tarea importante y hasta el último día, a última hora, no te has puesto con ella? ¿Te suena de algo? Yo te podría poner muchos ejemplos personales en donde este autosaboteador ha sido el protagonista.

La procrastinación es el hábito «sutil» de postergar las cosas o, dicho de forma coloquial, dejar para mañana lo que puedes hacer hoy. Todos hemos dicho «lo haré más tarde» y luego nos hemos encontrado bajo la presión del último minuto. Parece un hábito sugerente y autoindulgente, que te seduce sutilmente, que te ofrece alternativas en apariencia más agradables o menos estresantes que las tareas que debes realizar. Pero, en realidad, nos impide avanzar y, lo peor de todo, nos llena de ansiedad al retrasar *sine die* lo importante. De todos los autosaboteadores, creo que la procrastinación es el más famoso porque, de una manera o de otra, no hay persona en el mundo que no lleve un procrastinador dentro. Nuestro cerebro está cableado a nivel inconsciente para maximizar el placer y buscar recompensas a corto plazo, evitando así cualquier malestar o sufrimiento que le genere cortisol (estrés).

Este autosaboteador nos afecta de lleno en nuestro entrenamiento mental diario, ya que cuando tratamos de incorporar un nuevo hábito, como utilizar técnicas de enfoque para alcanzar nuestros objetivos, el cerebro se resiste. No le gusta salir de su zona de confort, especialmente si eso significa un consumo adicional de energía, como el que requiere la aplicación diaria de esta nueva técnica mental. Tu cerebro procurará tenerte ocupado en otras tareas «más importantes», y lo que posiblemente ocurra es que irás postergando el ejercicio al día siguiente, hasta que lo abandones.

¿Entiendes ahora por qué es tan fácil procrastinar y tan complicado hacer lo que debes hacer? Por un lado, debajo de esa capa superficial que busca el placer inmediato con otra tarea desviándote de la importante, suelen ocultarse pensamientos negativos automáticos que consiguen que procrastinemos en lugar de enfrentarnos con el reto real. Miedos de todo tipo y baja autoestima se relacionan con personas que procrastinan en exceso, tal y como recoge un antiguo estudio de 1984 titulado «Academic Procrastination: Frequency and Cognitive-Behavioral Correlates».[3] Por otro lado, y según mi teoría del péndulo, la procrastinación se genera como una respuesta reactiva debido a un exceso de autoexigencia y perfeccionismo en la realización de las tareas, posiblemente por una necesidad imperiosa de ser reconocidos por los demás.

El péndulo de la pereza y la autoexigencia

Llegados a este punto, es el momento de explicarte mi famosa teoría del perverso péndulo de la pereza y la autoexigencia que puedes encontrar en mi canal de YouTube (@davidgomezcoach).

Hace más de diez años tuve una revelación, fue como unir las piezas de un rompecabezas en mi mente. De repente, mi neurona de Homer Simpson volvió a iluminarse y lo vi todo claro: la vida es un gran péndulo en donde nos movemos sin darnos cuenta de extremo a extremo, sufriendo de igual manera estés en un lado como en el otro.

Desde ese momento, tal y como les cuento a mis alumnos y clientes, en vez de muertos, como el niño de la película *El sexto sentido*, yo veo péndulos en todas partes. Esta teoría del péndulo la extrapolé a todos los comportamientos que yo etiquetaba como desequilibrados, y siempre encontraba un péndulo. Buscaba pararlo y quedarme en el medio, en el equilibrio, pero mis reacciones emocionales me impedían hacerlo. Fue así como en 2016 descubrí uno de los péndulos más cancerígenos y tóxicos para el ser humano: el de la procrastinación, basado en la pereza y la autoexigencia, y por eso decidí dedicarle uno de los «coaching consejos» de mi canal de YouTube.

Este péndulo tan común es algo que experimentamos a diario, aunque no nos demos cuenta; oscilamos entre presionarnos al máximo por hacer ciertas tareas o dejarlas aplazadas por pura pereza. Cuando me hablo a mí mismo desde la obligación, con expresiones como «tengo que» o «debería», lo que hago es sacar el látigo y autoflagelarme, exigiéndome desde la obligación en lugar de la motivación, que sería el punto de equilibrio del péndulo. Esto genera una resistencia inconsciente en que, cuanto más me fuerzo angustiosamente a hacer algo, menos me apetece realmente hacerlo y me voy al otro extremo, al de la pereza y la vagancia. Así que voy postergando esa actividad clave más y más, mientras me distraigo con cosas banales y superficiales que me dan algún alivio momentáneo. Pero al poco tiempo, esa pequeña sensación de escape se torna en otra más oscura, de culpa y vergüenza, por no hacer lo que sé que es prioritario y necesario.

Al final, el día límite acaba llegando y me veo obligado a completar esa tarea pendiente a toda velocidad, con enorme esfuerzo y precaria calidad, cuando podría haberla realizado tranquilamente y poco a poco si hubiera tenido una actitud más compasiva y realista conmigo mismo desde el principio. La clave está en cultivar la automotivación, el punto de equilibrio del péndulo, conectando cada actividad que realicemos con nuestro propósito vital para que fluya desde un lugar de compromiso interno y motivador. Debemos ser nuestro propio coach, ese que nos anima a diario, en lugar de azotarnos una y otra vez por no estar a la altura de patrones mentales poco realistas, de autoexigencia y perfeccionismo en exceso. Solo desde la motivación guiada por la brújula de nuestros valores podremos dar lo mejor de nosotros mismos.

El simple hecho de ver tu péndulo pintado, viendo tu ir y venir de un extremo al otro, es ya un baño de realidad que te hace despertar del engaño en el que estabas. He pintado este péndulo cientos de veces a mis clientes, alumnos de coaching y del Club de las Mentes Enfocadas.

Déjame que te resuma en varios puntos cómo nos afecta este autosaboteador:

- Nos impide entrenar a diario el enfoque en nuestros objetivos.
- Nos hace perezosos.
- Nos genera un sentimiento de culpabilidad que nos impide estar centrados.
- Nos hace tener poca fuerza de voluntad y compromiso.
- Convierte todo en una obligación.
- Nos genera mucho cansancio cuando realizamos la tarea.

Nadie te obliga, eres tú solo quien lo haces debido a esas creencias sociales y familiares que grabaste a fuego en tu cerebro en la infancia y adolescencia. Es el momento de adoptar la responsabilidad del adulto equilibrado que, en lugar de ser emocionalmente reactivo, se trata con amor y elige hacer, desde la motivación, lo que considera necesario para sentirse orgulloso de su forma de ser y vivir, sin importarle lo que los demás puedan pensar de él. Recuerda que tú eres todo el péndulo, tanto el vago, como el autoexigente o el adulto equilibrado, y de tu atención y foco dependerá cuál será tu lugar. Por tanto, diviértete haciendo las tareas igual que las harías si fueran tu hobby, verás como desaparece la procrastinación.

Esta es la clave para alcanzar tus objetivos, verlos con motivación y disfrutando del camino. Quítate ya de una vez la carga de la exigencia, no la necesitas para subir a un nivel superior en tu autovaloración personal y conseguir tus metas. Te las has puesto porque deseas vivirlas desde la abundancia que te mereces, no desde la obligación.

Hay otras técnicas efectivas para superar la procrastinación, como el coaching o el *mentoring* con un profesional, la visualización creativa, en que nos imaginamos completando el objetivo exitosamente para subir nuestra autoestima, así como el trabajo con afirmaciones positivas sobre nuestro potencial.

Todas ellas, de forma individual o en conjunto, nos darán la clave para ir deteniendo nuestro perverso péndulo de la procrastinación.

La resistencia al cambio

¿Cuántas veces se te ha planteado una oportunidad de mejora que conlleve un cambio y una parte de ti se ha resistido? O peor aún, eres consciente de que tienes un hábito que te limita personal o profesionalmente y no eres capaz de cambiarlo por uno nuevo más positivo y beneficioso. ¿Por qué es tan difícil? ¿Por qué nos resistimos a mejorar o a cambiar?

Lo primero de todo, deja de echarte la culpa y castigarte, eso no funciona. Al igual que con la procrastinación, hay que entender la resistencia al cambio para poder transformarla. Se trata de otro autosaboteador que todos llevamos dentro y que, a menudo, nos impide aprovechar las nuevas oportunidades y experiencias. Aunque sabemos que el cambio es una constante en la vida y además es necesario, nuestra mente parece programada para aferrarse a lo que conoce, incluso cuando no es lo mejor para nosotros.

Exploremos, con la ayuda de la neurociencia, las estructuras cerebrales que están implicadas en tu resistencia al cambio. Vamos a recordar primero cuáles son los dos objetivos vitales de tu cerebro más instintivo: la supervivencia y la economización de energía. Sabemos que hay una estructura debajo de la neocorteza, los llamados ganglios basales, que son unos núcleos neuronales involucrados en los procesos de recompensa, la formación de hábitos, la toma de decisiones y el aprendizaje motor, entre otras funciones. Como puedes imaginar, mandan mucho en nuestros comportamientos, ya que están muy implicados en la creación de hábitos o patrones conductuales repetitivos para economizar energía. Por otro lado, nuestro cuerpo busca mantener un estado de equilibrio (homeostasis) ante cualquier cambio (Ryback, 2017),[4] por muy bueno que sea. Vamos, que se resiste como gato panza arriba ante cualquier alteración del ritmo cardiaco, metabólico, aumento de cortisol, etc., que le vaya a implicar salir de la homeostasis, salvo, por supuesto, que fuese una verdadera cuestión de supervivencia.

Me imagino que ya te estarás imaginando que tenemos un cerebro que prefiere lo malo conocido que lo bueno por conocer, y es verdad si nos referimos a los ganglios basales. Son ellos los que te van a penalizar en forma de angustia, estrés, resistencias, miedos o cualquier otra forma de llamar la atención, para que vuelvas a tu zona de confort en el momento en que decidas que vas a ir a por un objetivo nuevo, como por ejemplo cambiar un hábito limitante o introducir una nueva rutina en tu vida.

Cuando quieres introducir algo nuevo, hacer un cambio, si no estás muy motivado, no podrás vencer a tu cerebro instintivo acostumbrado a la recompensa inmediata que le da la homeostasis. La procrastinación aparecerá en forma de pensamientos como «bah, posiblemente no lo consiga, así que para qué intentarlo», o «en realidad no me apetece hacer un sobreesfuerzo como ese para conseguir este objetivo». Podría estar todo el capítulo exponiendo las típicas excusas de esa mente perezosa que se ha malacostumbrado a economizar recursos.

Y es que el impacto de este autosaboteador en nuestra vida es considerable. En el ámbito personal, nos puede limitar el crecimiento y la felicidad, manteniéndonos con apatía o sufrimiento en relaciones, trabajos o hábitos limitantes. Si hablamos del ámbito profesional, nos puede impedir ser innovadores y flexibles, entre otras muchas cualidades cada vez más valoradas por las empresas.

Aquí juega un papel muy importante la calidad de tus pensamientos a la hora de automotivarte y tener una buena autoestima. Aunque todas las personas tenemos estos mecanismos cerebrales para automatizar procesos mentales y comportamentales, una persona con pocos miedos y alta autoestima estará en mejor posición para afrontar la resistencia al cambio de sus ganglios basales. Esto es así porque si crees que puedes conseguir tu objetivo, aunque tardes un tiempo, generarás dopamina por el beneficio potencial que obtendrás cuando logres lo que te has propuesto. Si la dosis de dopamina supera con creces la dosis de cortisol que se genera por la resistencia al cambio, sea por miedo o por pereza, entonces empezarás a tomar cartas en el asunto en busca de tu objetivo.

Por eso te decía antes que no sirve de nada castigarse. Más bien hay que hacer lo contrario: implementar el cambio que deseamos hacer en pequeñas fases, celebrando los miniavances que logremos. De esta forma, los ganglios basales se irán acostumbrando al nuevo hábito sin resistirse tanto porque perciben que no hay riesgos. Conocer cómo funciona el cerebro se convierte en una gran ventaja a la hora de saber cómo actuar sin culpas ni castigos.

Otra forma de entrenar la mente para librarnos de este autosaboteador es procurar generar nuevos hábitos positivos muy sencillos, como la gratitud y el uso de afirmaciones. Podemos repetir estas técnicas muchas veces al día, y son perfectas para grabar nuevas redes neuronales que facilitarán al cerebro su apertura al cambio.

Por último, quiero hablarte de un estudio de 2010 titulado «How are habits formed: Modelling habit formation in the real world»,[5] que trata sobre el tiempo que tarda un nuevo hábito en fijarse en el cerebro de forma estable sin que suponga un esfuerzo realizarlo: unos sesenta y seis días de media. Por tanto, tenemos que ser pacientes y constantes para alcanzar el premio que supone sentir que somos nosotros quienes pilotamos nuestra vida (con el permiso de los ganglios basales).

Como puedes observar, todos los autosaboteadores tienen cierta relación entre ellos y todos pueden neutralizarse entrenando de forma constante la mente y teniendo un propósito claro de lo que deseas conseguir en la vida.

El miedo paralizante

¿Has experimentado alguna vez la situación de querer solicitar un aumento de sueldo o clarificar ciertos aspectos de tu trabajo con tu jefe, pero el miedo te ha impedido hablar con él? ¿O te has sentido atraído hacia otra persona y no te atreviste a hablar con ella? Seguro que tienes alguna experiencia igual o similar. Aquí el miedo deja de ser una herramienta útil y se convierte en nuestro mayor enemigo.

No sé si coincidirás conmigo en que el miedo, por desgracia, es la emoción más importante y protagonista en nuestra vida, lo que tiene sentido, tal y como hemos podido ver en el capítulo del cerebro. El miedo es una respuesta fisiológica extremadamente útil para escapar de peligros reales como un animal salvaje o algo que pueda poner en verdadero peligro nuestra integridad física. Pero en nuestra sociedad moderna ya no hay tantos peligros físicos, y sin embargo seguimos activando igualmente la amígdala en el cerebro, la alarma interna, frente a miedos que son en la mayoría de los casos imaginarios: hablar en público, enamorarnos, perder el trabajo, no ser reconocidos por los demás, fracasar, no ser capaces de hacer algo, etc. Aunque son miedos mentales, pues no hay un tigre a punto de devorarnos, nuestro cuerpo reacciona con la misma intensidad de estrés que el de nuestros antepasados prehistóricos ante un peligro, segregando hormonas como cortisol, adrenalina o noradrenalina, que nos paralizan o bloquean e impiden que actuemos de una forma más creativa e inteligente ante esa situación.

El objetivo principal del miedo es protegernos ante cualquier peligro. Para ello, desempeña una función anticipatoria a las potenciales catástrofes, de modo que si no tenemos la mente suficientemente entrenada con una actitud positiva y resiliente, se convertirá en uno de nuestros mayores autosaboteadores para crecer como personas, vivir con más plenitud y expandir nuestros talentos y metas. Nos autoconvencemos mentalmente proyectando en nuestra imaginación terribles escenarios hipotéticos: que si hablamos en público, olvidaremos todo y será vergonzoso; que si nos lanzamos a crear una empresa, perderemos el estilo de vida estable que tenemos; que si decidimos sincerarnos con alguien que nos importa mucho, la relación terminará para siempre, y un largo etcétera de películas de terror generadas por nuestro cerebro.

Es este miedo el que nos impide avanzar en nuestro desarrollo y nos condena a una vida gris y en muchas ocasiones miserable, pues se convierte en un estado permanente que afecta a nuestra interpretación de la realidad, condicionando cualquier comportamiento para evitar a toda costa un peligro, aunque este sea remoto. La impotencia y la frustración que sentimos al no enfrentarnos a esos miedos imaginarios son los que solemos proyectar con ira y resentimiento hacia otras personas, haciéndoles pagar nuestra cobardía, o hacia nosotros mismos en forma de autocastigo.

Una técnica muy buena que utilizamos en coaching es visualizar mentalmente, y con detalle, el éxito futuro en donde hemos conseguido el objetivo deseado. Esta acción le dice a nuestro cerebro que la amenaza no existe realmente. El ejercicio es sencillo y muy efectivo, aunque tendrás que dedicarle unos minutos para repetirlo todos los días si deseas ver resultados.

La meditación también es una estupenda técnica mental para desapegarnos de los pensamientos negativos que nos generan esos miedos ilusorios.

Si aspiras a progresar y convertirte en la mejor versión de ti mismo, sí o sí es imprescindible que neutralices esos miedos. Creo firmemente, por propia experiencia, que a menor autoestima, mayores son los miedos que experimentamos. Así que, para transformar esos miedos en fortalezas —y sí, estos miedos en realidad nos han fortalecido porque hemos desarrollado habilidades y competencias a lo largo de la vida para escapar mentalmente de ellos— es crucial tratarnos con amor y compasión, para elevar así nuestra autoestima. Luego, es importante entender de qué nos quieren proteger esos miedos y dialogar con ellos, haciéndoles ver que el peligro ya no existe o que ahora disponemos de habilidades más adecuadas para afrontar esa situación específica.

Sanando el miedo de nuestro niño interior

Me quedaban pocos meses para cumplir los treinta, mi vida profesional en Pfizer iba muy bien, tenía hipoteca, novia y amigos con los que disfrutaba de la noche madrileña, pero me sentía vacío e insatisfecho. Una parte de mí anhelaba amar sin condiciones y sentir la tan ansiada estabilidad del enamorado de su pareja. Pero había otro David, uno más frío y carente de emociones al que nada le llenaba y que había sacrificado sus sentimientos por miedo a no ser querido. Insaciable, buscaba la forma de llenar ese enorme agujero que tenía en el corazón, lo que solo lograba temporalmente en una relación con una mujer que le diese cariño. A simple vista, yo era el novio perfecto, amable, formal, simpático, atento, ayudaba siempre a los demás… el yerno que toda suegra desearía para su hija. Pero al cabo del primer o segundo año, cuando la relación debía dar un paso más, el miedo me paralizaba y, sin entender completamente por qué, comenzaba a boicotearla. El patrón inconsciente se repetía siempre, haciéndose más fuerte cuando el pensamiento de compromiso era mayor.

El punto de inflexión llegó después de una discusión con mi novia que terminó en ruptura. Yo quedé muy dolido y frustrado porque estaba enamorado de ella, pero el miedo inconsciente a sentir el dolor de mi corazón roto activó al David frío y distante. Ese mismo día, ocultando mi sufrimiento bajo una máscara de chico alegre y de nuevo soltero, salí con mis amigos y, a mitad de la noche, ya estaba conociendo a otra mujer. Esta dualidad de emociones, esta desconexión interna, era mi mecanismo de defensa, el escudo que me había fabricado años atrás en mi preadolescencia para proteger a mi parte más vulnerable y sensible del daño que las mujeres podían hacerme. Sin embargo, este patrón solo servía para perpetuar en mi interior la activación del miedo y cómo trataba de evitarlo, sin permitirme desmontar las raíces de mis temores o poder llegar a construir una relación verdadera y duradera.

Pero nadie puede llenar ese abismo en el cual hemos desterrado nuestro corazón. A la mañana siguiente me sentía aún peor y no entendía cómo había podido terminar la noche de esa forma. Aunque mi corazón seguía amando a mi exnovia, mis actos contaban una historia diferente. En esos momentos volví a pedir ayuda a «mi Padre», pedí una señal, algo que me ayudase a llenar el enorme vacío que me devoraba emocionalmente. Yo quería amar sin miedos y ser amado, pero no entendía por qué se me negaba.

Mi llamamiento tuvo resultados, pues cuando pides desde el corazón, el universo responde a tu llamada. Pocos días después de aquella noche que marcó un antes y un después en mi vida, una amiga que conocía mi interés por el desarrollo personal me habló de un programa de autodescubrimiento llamado El juego de la atención, dirigido por la psicóloga transpersonal Marly Kuenerz. Sin perder un minuto, me puse en contacto con ella para obtener más información; el curso prometía ser transformador... ¡y vaya si lo fue!, aunque de una forma que nunca me hubiera imaginado.

Quedaba una semana para iniciar el primer módulo sobre el niño interior, y Marly nos había pedido que llevásemos fotos de nuestra infancia. Yo vivía solo en mi pisito de cuarenta y cinco metros cuadrados, así que aproveché una comida familiar para coger cinco o seis fotos de diferentes edades de cuando era pequeño. Hasta ese momento, nunca había hecho ningún trabajo con el niño interior. Me acuerdo de que, al llegar a mi apartamento, dejé las fotos encima de la mesita del salón. La tarde pasó, llegó la noche y, al terminar de cenar, me senté en el sofá a ver un poco la televisión, como hacía siempre al final del día. En ese momento me percaté de las fotos, esparcidas por la mesa de cristal, las recogí y me puse a mirarlas con atención. Era la primera vez, que yo recordase, que veía fotografías de mi infancia. Llegué a una imagen en la que yo tendría unos siete u ocho años, con una cara que expresaba seriedad y una mirada triste. Fue esa mirada la que captó mi atención y, sin ser consciente de ello, me puse a contemplar fijamente los ojos tristes del David de la foto. De repente, mi corazón se hundió tan hondo como nunca, y sentí como si ese agujero me succionase hacia la oscuridad. Fue algo que no olvidaré jamás: noté en lo más profundo de mi ser la enorme soledad de mi niño interior de siete u ocho años. El dolor fue tan intenso que, instintivamente, me recosté en el sofá con la foto pegada al corazón y comencé a llorar desconsoladamente, como en la vida había hecho.

Lloré y lloré y seguí llorando durante más de dos horas sin poder parar. Había abandonado a ese niño hacía muchos años y ahora él me lo estaba diciendo. Con el paso de las horas y los lloros, la tristeza que sentía por él se fue transformando en un amor que nunca había sentido antes. No podía despegar esa foto de mi corazón, y esa noche dormí con el resto de fotografías. Eran mis niños, mis olvidados niños que tanto me habían aportado, pero que en ese momento me estaban traspasando sus miedos e inseguridades. Esa noche hice otro juramento: prometí cuidar de mis niños interiores, dándoles la protección y seguridad que el David de treinta años podría proporcionarles.

Así, siete años después de la experiencia en el chalet de mis padres con los libros de autoayuda, mi vida dio de nuevo un giro de 180 grados, y el miedo que arrastraba comenzó a sanarse. Descubrí que, detrás de cada miedo, había un niño o un adolescente que se había quedado atascado o traumatizado por una situación que no supo resolver de una forma más favorable. Usando esta emoción y las fotos para conectar emocionalmente con él, podía tranquilizarle y explicarle que ya no era necesario que tuviese miedo, porque yo, el adulto, le iba a proteger y nunca más se sentiría inseguro. De esta forma, pude integrar y neutralizar diez miedos que me limitaban.

Realicé todo el programa de El juego de la atención, que siempre he recomendado desde entonces, y Marly se convirtió en otra de mis maestras durante esos años. Al comenzar la treintena, me sentía mucho más liviano, sin tantas cargas del pasado, sin poder imaginar que todas esas vivencias estaban sentando las bases para mi futuro en el coaching, la profesión que transformaría mi vida tanto profesional como personalmente, llevándome en última instancia al amor de pareja que tanto había buscado.

La fatiga mental

La fatiga mental es otra de las causas que nos impiden mantenernos enfocados en nuestros objetivos. Podríamos definirla como un descenso momentáneo de nuestra eficiencia mental habitual, debido a una gran carga de trabajo, al estrés, haber sentido emociones muy fuertes, haber dormido poco, tener malos hábitos de vida o también no seguir una dieta saludable. Por último, podríamos añadir a la lista estar mucho tiempo enfocando nuestra atención en algo o en alguien.

De todas estas causas, posiblemente la que más nos afecta hoy en día es el estrés, el desencadenante del resto de motivos relacionados con la fatiga mental. ¿Cómo se manifiesta esta fatiga mental? Notaremos una baja concentración, dolor de cabeza, cansancio, falta de claridad, confusión…; también bajará nuestro rendimiento profesional, tendremos lagunas mentales y la memoria nos fallará. Somos humanos y mantener la atención es difícil cuando el aprendizaje se complica.

Los científicos Malwina Szpitalak y Romuald Polczyk publicaron en 2014, en la revista *The Journal of Forensic Psychiatry &*

Psychology,[6] que la fatiga mental juega un papel relevante en el impacto que tiene sobre el recuerdo el llamado «efecto de desinformación». Esto sucede cuando facilitamos una información incorrecta sobre un acontecimiento acaecido debido a un sesgo en la memoria. Dicho de otro modo, cuando tenemos fatiga mental y nos preguntan por una experiencia del pasado, al no acceder correctamente a nuestro recuerdo, damos una respuesta equivocada. Estos científicos pudieron ver en sus experimentos que la fatiga mental debilita el recuerdo de los acontecimientos vividos.

Es muy importante cuidar la mente y no forzarla al máximo si no contamos con el entrenamiento adecuado. Digo esto porque, con una mente entrenada, soportaremos mucho mejor un entorno con presión y sabremos dosificar nuestra energía mental de la manera más eficiente, para no caer en la fatiga mental. Uno de los efectos secundarios beneficiosos que aparece cuando comenzamos a meditar o a practicar técnicas de enfoque mental es la mejora en la memoria y en la capacidad de retención. De repente, nos damos cuenta de que nos acordamos de nombres, números de teléfono o datos que habitualmente antes no recordábamos (doy fe de ello).

El ego falso

He dejado para el final al gran autosaboteador. Al igual que en la película de *El señor de los anillos* había un único anillo para controlar al resto, el ego falso controla todos nuestros autosaboteadores. En estos últimos años me he vuelto un estudioso concienzudo de las formas en las que mi ego falso o «bicho» (así lo llama mi terapeuta espiritual) me manipula e intenta tomar el control mi vida en cada momento.

Pero ¿qué es el ego falso? Básicamente, es una proyección mental que nos aleja de nuestra esencia, es un personaje irreal e ilusorio que hemos creado sobre nosotros mismos durante la infancia y se ha ido desarrollando a partir de todo lo que hemos experimentado y nos ha influido de nuestras familias (padre, madre, abuelos, hermanos, etc.), del entorno social y de las experiencias traumáticas del pasado, debido a una necesidad casi patológica de ser aceptados por los demás.

Si nos acercamos a la filosofía budista, el concepto de ego se relaciona directamente con la idea del yo ilusorio, una entidad que creemos que es totalmente real, aunque lo cierto es que es transitoria, no existe y cambia constantemente. Desde esta visión budista, el ego falso es la verdadera raíz de nuestro sufrimiento, porque nos ata a los deseos, a la aversión de lo que no nos gusta y a una identidad construida sobre una mente equivocada.

A un nivel neuronal, el ego falso estaría vinculado a los ganglios basales y al sistema de recompensa del cerebro, que se encargan de reforzar los comportamientos y pensamientos habituales que nos hacen sentir seguros y cómodos, esa homeostasis de la que te hablé en el anterior autosaboteador. Es como si el ego falso controlase al animal reactivo que llevamos dentro, que busca el placer egoísta de cualquier forma y huye de cualquier situación que le genere estrés, esfuerzo o sufrimiento. El apego que tenemos al yo falso nos distrae de nuestros objetivos y del enfoque mental necesario para lograrlos. Es cortoplacista y nada empático, va a lo suyo.

Para este ego, la recompensa química tiene que ser inmediata; de otra forma, te manipulará para conseguirla de la manera que sea.

El ego falso actúa a través de nuestras inseguridades y esa necesidad de aprobación externa que he comentado más arriba. Es muy inteligente, y para tomar el control sobre nosotros ha ido creando desde nuestro nacimiento un conjunto de máscaras sociales que vamos adoptando camaleónicamente según las situaciones, para protegernos del rechazo y sentirnos parte del grupo social al que deseamos pertenecer en cada momento: el hijo perfecto y educado, el alumno que saca muy buenas notas, el profesional triunfador, la pareja ideal, el amante irresistible, el padre o la madre abnegada, el amigo incondicional y servicial, el hijo obediente y un largo etcétera de máscaras que pueden llegar a ser casi infinitas.

Siempre digo, cuando hablo del ego falso en mis formaciones o en los directos de Instagram, que no hay nada malo en querer «ser bueno» en todas las áreas o facetas de nuestra vida; de hecho, es positivo querer mejorar y superarnos. El problema viene cuando nos exigimos y nos obligamos a encajar dentro de los moldes esperados para cada uno de esos estereotipos, en forma de «tengo que» o «debería ser», ocultando o reprimiendo partes genuinas de nosotros mismos con tal de obtener la palmadita de los demás, y ponernos la medalla de buen profesional o la que corresponda según el ámbito en el que nos movemos. Esto se convierte en una cárcel para nosotros, pues dejamos de ser genuinos y transparentes para actuar en el papel que corresponda y conseguir así el suculento premio químico que supone que el resto de personas nos valoren, nos quieran o nos feliciten por cualquier cosa. Llevado al extremo, somos capaces de fingir, engañar y manipular la verdad sobre lo que pensamos o sentimos con tal de obtener la tan ansiada droga. Pero, en el fondo de nuestro ser, hay una sensación constante de hastío y vacío, de no ser nosotros mismos, porque la esencia verdadera de lo que somos sigue brillando debajo de todas las máscaras que nos hemos puesto a lo largo de la vida.

En mi trabajo, el conocimiento de los patrones del ego falso me ha permitido identificar diversas máscaras que adopté de niño y otras que han surgido más adelante. Por ejemplo, la careta del niño bueno fuera de casa para agradar a los demás, el de no hablar mucho por timidez y vergüenza, el de procurar tener buena relación con las personas con las que me relacionaba, ser agradable y no llamar la atención por nada. Como adulto, he identificado mi ansia por el control, el miedo a ser visto como un impostor, procurar ser una pareja modélica, la tendencia a querer caer bien y agradar, ayudar a otros antes que a mí mismo, y un exceso de trabajo en busca de reconocimiento profesional, entre otras máscaras que en este momento no recuerdo.

A través de la técnica del péndulo, descubrí que el ego falso se camufla tras todas mis creencias y conductas extremas, aunque sean contradictorias u opuestas. Este ego es «chaquetero», cambia y oscila continuamente para evitar ser descubierto; su estrategia es «divide y vencerás», y lo hace con mucha astucia e inteligencia. Para aportar claridad y ordenar mis descubrimientos sobre el ego falso, que es idéntico en todos nosotros aunque no lo parezca, elaboré un gráfico muy simple que lo representa a la perfección.

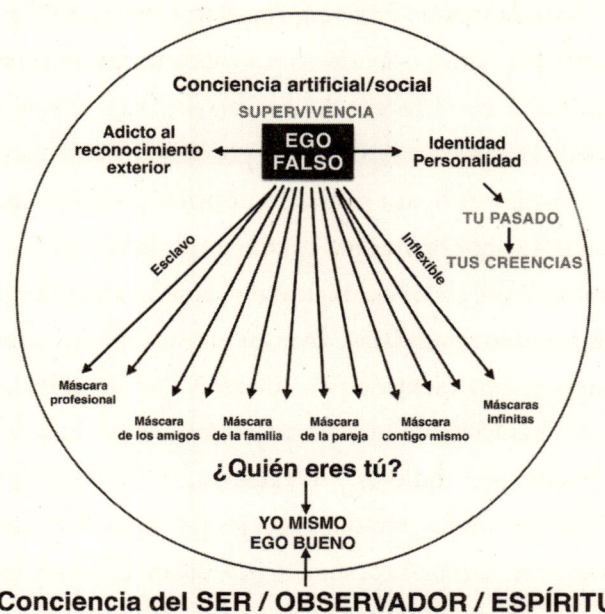

Conciencia artificial/social

SUPERVIVENCIA

EGO FALSO

Adicto al reconocimiento exterior

Identidad Personalidad

TU PASADO

TUS CREENCIAS

Esclavo

Inflexible

Máscara profesional

Máscara de los amigos

Máscara de la familia

Máscara de la pareja

Máscara contigo mismo

Máscaras infinitas

¿Quién eres tú?

YO MISMO
EGO BUENO

Conciencia del SER / OBSERVADOR / ESPÍRITU

Como explico en el gráfico, transformar el ego falso en un ego bueno o verdadero requiere, primeramente, ser consciente de que todas esas máscaras son parte de nosotros y las hemos incorporado a nuestra vida para protegernos. Pero, y aquí viene lo mejor, hay una intención positiva en todas ellas, como dije anteriormente. Esto requiere mucho compromiso y un trabajo interior por nuestra parte. Un ego verdadero se compone de nuestros valores más importantes que proyectan la esencia del espíritu, de quien deseamos ser (valiente, asertivo, amoroso, empático, libre, etc.). Tenemos que alinear nuestras acciones con nuestro propósito más auténtico, desarrollar mucho más nuestra autoconciencia (hay que conocer al enemigo para ganarlo) y entrenar a diario la mente. Poco a poco, comenzamos a ver cómo nuestras máscaras y la necesidad de reconocimiento exterior se disuelven, permitiéndonos actuar desde un lugar de comprensión y compasión, tanto hacia nosotros mismos como hacia los demás. De esta forma, podrás transformar el ego falso en la máscara transparente que muestra sin miedo quién eres de verdad: TÚ MISMO. Desde ese nuevo espacio interior, tu observador cuántico manifestará lo que realmente eres, y tu vida comenzará a tener un verdadero sentido.

Descubriendo a tu ego falso

Ya lo dijo el Buda hace más de dos mil quinientos años: «conquístate a ti mismo». Todos los días hay una batalla interior por el control de tu voluntad y si no le prestas atención, el ego falso te engañará para cubrir sus propias necesidades. Tengo una fórmula muy sencilla que te ayudará a saber quién está al mando en cada momento: «todo lo que no es amor y felicidad es ego falso». Si te aplicas este razonamiento cada vez que actúas o tomas una decisión, verás como tu cuerpo nunca te engaña, aunque la mente egótica sí pueda hacerlo. Siente tu cuerpo, y si la sensación es buena, entonces todo está bien, es coherente y genuino; de lo contrario, si experimentas estrés, angustia, miedo o malestar, significa que estás traicionándote a ti mismo por alguna creencia limitante o máscara del pasado que estás utilizando en ese momento. Todo ello implica observar tus reacciones y patrones inconscientes sin juzgarlos, desapegándote de ellos y entendiendo que son temporales, que no definen quién eres.

No puedes matar a tu ego porque es tu identidad y la necesitas para relacionarte con el mundo exterior, pero sí puedes educarlo para ser la mejor versión de ti mismo. El ego falso es como un caballo salvaje que no ha sido adiestrado por su jinete, que eres tú. La responsabilidad de domarlo para que te lleve más lejos de lo que jamás hayas podido imaginar es solo tuya.

¿Aceptas el reto de conquistarlo?

Conclusión

Como has podido observar en este extenso —aunque fundamental— capítulo, todos los autosaboteadores mentales están intrínsecamente conectados y juegan un papel crucial en cómo nos boicoteamos para no alcanzar nuestros objetivos ni nuestro pleno potencial. Todos ellos, aunque distintos en su naturaleza, suelen entrelazarse y reforzarse mutuamente, creando una malla que a priori parece difícil de romper.

Pero desde mi humilde opinión, creo que si comenzamos a entrenar la mente a diario y trabajar con firmeza la autoestima, se desencadenará un efecto multiplicador en cascada que irá neutralizando estos autosaboteadores, ya que las técnicas para entrenar la mente son las mismas para todos ellos.

Sé compasivo contigo mismo y comienza por aplicar únicamente una técnica, automatizándola mediante la repetición diaria antes de pasar a la siguiente. Ten paciencia y verás como todo empieza a cambiar en tu vida.

5

EL PODER SECRETO DE LOS PENSAMIENTOS COMUNES

> Si la gente nos oyera los pensamientos, pocos
> escaparíamos de estar encerrados por locos.
>
> JACINTO BENAVENTE

Cómo generamos los pensamientos y el poder que tienen en nuestra vida son dos de los temas que más me han intrigado a partir de mi adolescencia, quizá por lo mucho que me afectaron desde la infancia. En cada momento del día y de la noche, la mente no deja de crear pensamientos. Ni siquiera cuando dormimos el cerebro se detiene para hacer un descanso. Cuesta creer que algo tan abstracto que no podemos tocar con las manos ni ver con nuestros ojos sea la base sobre la que creamos nuestra realidad. Cada uno de esos escurridizos pensamientos tienen el poder de hacer vernos una realidad determinada que afectará directamente a nuestra vida. Por eso, desde mi punto de vista, si quieres cambiar tu realidad, sí o sí tendrás que cambiar tus pensamientos.

Tal vez la primera pregunta que deberías hacerte para que comprendas el poder de los pensamientos es: ¿qué es un pensamiento? No te voy a dar ni una ni dos definiciones, te daré tres, así te llevarás una visión más completa. La primera es de mi propia cosecha, a raíz de haber leído bastante sobre este tema. Para mí, un pensamiento es como un momento congelado de conciencia, una foto, una imagen o una frase mental que creamos de forma consciente o no, que nos genera una serie de sensaciones físicas, muchas de ellas que ni sentimos. Lo que quiero decir con esto es que todos los pensamientos que se pasean por nuestra mente, todos, nos afectan de diferentes maneras según los percibimos.

Para darte la segunda definición acudiré a la neurociencia. Aunque la ciencia lleva tiempo intentando descubrir de dónde vienen los pensamientos y cómo se generan, se sabe que están formados por sinapsis de neuronas que se encienden a un mismo tiempo. Cada vez que tienes un pensamiento, generas una actividad en tu cerebro, una interacción de diferentes neuronas que conjuntamente crean tus ideas, emociones y sentimientos, tus creencias, permitiendo que el cerebro genere procesos mentales complejos que utilizará para interpretar así el mundo que nos rodea.

Los pensamientos están formados por varios elementos que te detallo a continuación:

- En diferentes áreas del cerebro tienen lugar tanto actividad eléctrica como química.
- Se generan procesos mentales conscientes como pensar, prestar atención o razonar, y también inconscientes como percibir y recordar.
- Tienen lugar una serie de experiencias subjetivas, como imágenes mentales, diálogo interno, sensaciones y emociones.
- Se producen todo tipo de influencias tanto de nuestro interior (estados de nuestro cuerpo) como del mundo exterior (cualquier estímulo ambiental).

Posiblemente habrás oído muchas veces que tenemos alrededor de sesenta mil pensamientos al día. Si te soy sincero, siempre me ha costado creerme esta afirmación, simplemente porque, para que sea cierta, deberíamos tener más o menos un pensamiento por segundo en las dieciséis horas que, de media, estamos despiertos. En mi caso creo que este dato no se cumple.

Hay un estudio que, desde mi punto de vista, se acerca más a lo que considero más realista. Se trata de «Brain meta-state transitions demarcate thoughts across task contexts exposing the mental noise of trait neuroticism», realizado en el año 2020 en la Universidad de Queens, en Canadá.[1] En esta investigación se observó que una persona tiene una media de unos seis mil doscientos pensamientos diarios —que no es que sea una cantidad pequeña—, denominados «gusanos de pensamiento», que se caracterizan por pequeños pulsos eléctricos que representan patrones de la actividad del cerebro. Lo diferente de este estudio es que no se centró en el tipo de contenido de los pensamientos, sino en su cantidad, así como en identificar cuándo un pensamiento daba paso a otro.

De todos estos pensamientos diarios, según otra investigación de 2016 («Mind-wandering as spontaneous thought: a dynamic framework»),[2] posiblemente en torno al 90 % sean involuntarios o inconscientes, y entre un 10 y un 50 % del total sean conscientes, o dicho de otro modo, requieren esfuerzo. Resumiendo: podemos decir que gran parte de nuestro diálogo mental diario es inconsciente y se escapa a nuestro control. ¿Entiendes ahora por qué es tan importante gestionar correctamente este flujo de pensamientos cada día de una forma más positiva entrenando la mente?

Veamos ahora la tercera definición de los pensamientos, que tiene que ver con el budismo. El Buda enseñó que la mente es todo; en lo que pensamos, nos convertimos. En las enseñanzas budistas, los pensamientos son vistos como una fuerza muy poderosa que puede ser usada tanto para el bien como para el mal. Según esta forma de ver la realidad, no es el mundo exterior lo que nos define, sino cómo interpretamos y reaccionamos a ese universo a través de nuestros pensamientos. A continuación te detallo varios puntos para que puedas entender mejor su importancia en la filosofía budista. Estos preceptos transformaron mi mente cuando los entendí:

- Los pensamientos surgen debido a causas y condiciones. No tienen una existencia inherente propia, sino que nacen de forma interdependiente. El budismo cree que los pensamientos aparecen por varias razones que se combinan. No existen por sí mismos, sino porque otras cosas hacen que surjan. Por ejemplo, si tengo el pensamiento «tengo hambre», es porque se juntan ciertas condiciones:

- o No he comido en varias horas (causa física).
- o Veo un anuncio de comida (estimulo exterior).
- o Recuerdo lo rica que sabe mi comida favorita (memoria y percepción).
- o La idea de comer me produce satisfacción (emoción).

Como ves, el pensamiento surge cuando distintos factores interactúan entre ellos: cuerpo, ambiente, mente, etc. No hay un «pensamiento de hambre» que flote solo, independiente. Como siempre dice mi maestro, «Todo depende de causas y condiciones».

- Gran parte del sufrimiento del ser humano nace por el apego a los pensamientos, al verlos como totalmente reales, sólidos o personales. Por ejemplo, si pienso «soy tonto/a e inútil», seguro que sufriré mucho. Creo firmemente que ese pensamiento dice algo cierto sobre mí, me identifica y habla sobre la clase de persona que soy. El budismo afirma que esto es una ilusión. Nos aferramos a ideas que son en realidad temporales, cambiantes y sin una existencia inherente por sí mismas. El gran error que cometemos es que confundimos los pensamientos con nuestra propia identidad. A esta creencia exagerada en nuestras ideas y en una imagen sólida de nosotros mismos se le llama «falso ego», y genera mucha infelicidad y sufrimiento porque se basa en pensamientos erróneos. El budismo nos dice que tratemos a los pensamientos como pasajeros, no como algo absoluto y definitivo. De esta forma sufriremos menos.

- Mediante la meditación y el desapego uno puede alcanzar cierto «silencio mental», en el que puedes darte cuenta de que los pensamientos carecen de naturaleza propia, pues son construcciones de la mente que no definen la realidad en sí. Imagina, por ejemplo, que estás preocupado por una presentación importante en el trabajo. Ese pensamiento puede parecer muy real y agobiarte mucho. Sin embargo, a través de la meditación y la práctica del desapego de tus creaciones mentales, puedes llegar a ver que ese pensamiento es solo una serie de percepciones y no la realidad como tal. Al comprender esto, puedes alcanzar una sensación de paz y claridad mental, donde los pensamientos ya no controlan ni definen tu experiencia de vida.

- El objetivo no es suprimir los pensamientos, sino cambiar la relación con ellos, viéndolos como eventos mentales pasajeros que no definen un «yo» permanente. Una comparación que mi maestro Zopa propone habitualmente para explicar los pensamientos es que los veamos como olas del mar: se forman, crecen, caen, se deshacen y vuelven a formarse. Nacen y mueren. No hay una «ola permanente en el mar». Los pensamientos son únicamente olas mentales pasajeras que fluyen en el océano de la mente, son instantes fugaces y no definen quiénes somos.

Como he comentado anteriormente, ningún pensamiento es neutral. Cada uno de ellos tiene una carga emocional que puede afectar profundamente a nuestra salud mental y física. Si tus pensamientos son predominantemente negativos, es probable que experimentes un estado de ánimo bajo y una visión pesimista de la vida. Por otro lado, si te centras en pensamientos positivos y constructivos, seguramente te sientas optimista y feliz.

Convertir los pensamientos extraordinarios en comunes

A continuación nos adentraremos en lo que considero el quid de la cuestión, el núcleo esencial de nuestra transformación personal. A veces, nos resistimos a creer que la simplicidad puede ser poderosa. Nos decimos habitualmente: «Mi vida es difícil y compleja, mis problemas son complicados, no puede ser tan sencillo». Pero aquí radica la sorprendente verdad: es sencillo. Nos complicamos innecesariamente, y aplicamos erróneamente principios que ya manejamos sin siquiera ser conscientes de ello.

Cuando Ramtha, al que considero otro de mis maestros, me iluminó con esta revelación allá por el año 2010, viví un momento de claridad tan profundo que un destello de ondas gamma debió de inundar mi cerebro completamente por ese «momento eureka» que aún recuerdo. Mi neurona de Homer Simpson se iluminó como un árbol de Navidad, y pude ver la simplicidad del juego de la vida que siempre había estado delante de mis ojos aunque no pudiera verlo.

Ahora, piensa en cómo estos pensamientos se repiten todos los días. Los más habituales se convierten en creencias duraderas, y estas creencias forman la base de nuestra realidad cotidiana. Si crees firmemente que eres capaz y competente, actuarás de manera que refleje esa creencia. Si, por el contrario, tus pensamientos te dicen que no eres suficiente o que estás destinado al fracaso, esos sentimientos se manifestarán en tus acciones y en tu realidad.

Ya lo dijo Mahatma Gandhi: «Cuida tus pensamientos, porque se convertirán en tus palabras. Cuida tus palabras, porque se convertirán en tus actos. Cuida tus actos, porque se convertirán en tus hábitos. Cuida tus hábitos, porque se convertirán en tu destino».

Para que puedas comprender a fondo lo que implica este concepto, te proporcionaré una serie de ejemplos que seguramente te resulten muy familiares. Reflexionaremos sobre algo tan básico como nuestras comidas diarias: el desayuno, el almuerzo y la cena. A no ser que estés siguiendo una dieta específica, estoy seguro de que realizas estas tres comidas cada día. Coincidirás conmigo en que los pensamientos relacionados con comer son rutinarios y cotidianos, tan arraigados en tu cotidianidad que los aceptas sin cuestionar, porque ya forman parte de tu ciclo de pensamientos habitual. No contemplas la posibilidad de no desayunar o no almorzar, a menos que sea una elección consciente, ya que asumes de manera implícita que tendrás esas comidas. No discutes con el vaso del zumo de naranja por la mañana o con la ensalada que planeas tomarte en el almuerzo. De la misma forma, asumes como normal ir al trabajo cada día, las eventuales discusiones con tu pareja o esa sensación de malestar que te provoca alguien en la oficina, junto con cualquier otra circunstancia que se repita. ¿Ves por qué a veces sientes que tu vida es como el día de la marmota en la película *Atrapado en el tiempo*, donde cada día parece ser una repetición del anterior? Esto ocurre porque tu enfoque mental está anclado en los mismos pensamientos, y activa las mismas acciones que llevas a cabo jornada tras jornada. Son pocos los pensamientos frescos o novedosos que irrumpen en tu mente a lo largo del día.

Pero ¿qué hay de lo extraordinario, de esos sueños y aspiraciones que parecen tan distantes en ese mar de lo cotidiano? Un sueño extraordinario es, por definición, raro y poco frecuente. Pero si deseamos integrarlo en lo común, debemos comenzar a verlo como algo ordinario, como el zumo de naranja que bebemos cada mañana.

Cuando algo extraordinario se convierte en parte de tu rutina diaria, pierde su brillo de «especial», la sensación de algo único que te dejará huella. Quiero detenerme por un momento aquí, para ponerte un ejemplo que ilustrará a la perfección todo esto. Imagínate el día de tu cumpleaños, por ser un día especial que solo ocurre una vez al año. Decides invitar a tu pareja o a tu mejor amigo o amiga al restaurante más caro de tu ciudad para degustar un menú exquisito valorado en más de seiscientos euros. Nunca antes has ido a un restaurante de tanto nivel y lo sientes como algo extraordinario. Sin embargo, si de repente ganaras mucho dinero o por alguna razón comenzaras a cenar en ese lugar todos los días, lo que una vez fue una experiencia especial y memorable poco a poco se convertiría en tu nueva normalidad. Tus pensamientos de exclusividad y el encanto del restaurante se disiparían en la rutina diaria, y ya no sería una experiencia fuera de lo común, sino simplemente el lugar donde cenas cada noche.

No obstante, la clave está en normalizar los pensamientos que deseamos manifestar en nuestra realidad. ¿Qué quiero decir con esto? Simple y llanamente que tu día a día está creado por tus pensamientos comunes, no por tus pensamientos extraordinarios, los cuales, como su nombre indica, no son habituales. Te guste o no, tu realidad es un espejo de tus pensamientos comunes, tanto de los positivos como de los negativos.

Detengámonos por un instante para pensar en esas metas que te has propuesto, esos sueños que deseas convertir en realidad. Quiero hacerte una pregunta muy sencilla: de todos los pensamientos que cruzan tu mente durante el día, ¿cuántos realmente se centran en tus objetivos?

Es probable que la cantidad sea menor de la deseada, quizá unos pocos entre miles. Esto sucede porque tales pensamientos son excepcionales para tu cerebro, que prefiere los rutinarios. Y aquí radica la clave: mantener esos pensamientos excepcionales requiere de un esfuerzo consciente y deliberado que demanda mucha energía en forma de glucosa, y esa es justamente la clase de esfuerzo que tu mente intenta evitar, ya que está programada para la supervivencia y ser eficaz.

Entonces, hasta que esos pensamientos sobre tus metas no se conviertan en comunes, hasta que no los aceptes y abraces sin esfuerzo como parte de tu día a día, seguirán siendo algo raro en tu cerebro. Las creencias que tienes sobre alcanzar esas metas se mostrarán en la forma en que vives. Si tus creencias son limitantes, encontrarás cada vez más difícil acercarte a tus objetivos, la motivación flaqueará y es posible que acabes abandonando. En cambio, si tus creencias son potenciadoras y positivas, tu motivación se mantendrá firme y estarás atento a cada posibilidad, a cada pequeña oportunidad que te pueda llevar un paso más cerca de la realización de tus sueños.

¿Y cómo convertimos los pensamientos extraordinarios en comunes y ordinarios? La clave está inicialmente en la fuerza de voluntad y en el poder que tiene el cerebro para crear hábitos mentales, repitiendo y repitiendo los pensamientos hasta automatizarlos y aceptarlos como algo normal en tu mente. Al político alemán Joseph Goebbels, maestro de la propaganda nazi, se le atribuye la frase «una mentira repetida mil veces se convierte en verdad». Pues bien, esto se cumple en tu cerebro.

La próxima vez que te enfrentes a una meta o un sueño, no lo veas como algo extraordinario o inalcanzable. Comienza a percibirlo como parte de tu día a día, normalízalo en tu mente, y verás como empieza a materializarse en tu realidad. Recuerda:

el poder de la aceptación y de la repetición es clave para transformar lo extraordinario en común.

El poder de las afirmaciones positivas

En 1992, España fue el epicentro del mundo al ser la anfitriona de la Expo Universal de Sevilla y los Juegos Olímpicos de Barcelona. En aquellos tiempos, y aún ahora, yo era un gran fan del grupo musical inglés Queen, y el eco de la canción que Freddie Mercury y Montserrat Caballé grabaron para la ocasión —pero que no pudieron interpretar en la ceremonia por la muerte de él— aún resuena en mi corazón. Al cierre de ese año memorable para mi país, cuando se nos decía que todo iba bien, inicié con siete colegas una empresa de *time sharing* o multipropiedad llamada Club Sol Premier, tras más de dos años trabajando en ese sector. Sin embargo, la noche en la que decidimos dar vida al proyecto en casa de uno de los socios, algo terrible ocurrió y fue un mal presagio que por desgracia no supe interpretar. Esa noche llegué a la casa de quien sería mi socio con mi flamante superdeportiva Yamaha FZR 1000, un logro personal tras años deseando una moto de gran cilindrada, y la aparqué frente al portal. Tras una larga reunión en la que sentamos las bases de nuestra empresa, salí a la calle y descubrí que mi amada Yamaha FZR 1000 no estaba. La moto, que había comprado tres meses antes con mis ahorros y un préstamo bancario, era más que un vehículo; era el fruto de una pasión que heredé de mi padre y que él alimentó cuando, a los siete años, me compró mi primera moto de campo. Esa pasión me llevó, a mis veintidós años y tras varias motocicletas de menor cilindrada, a poseer finalmente la superdeportiva de mis sueños. Mi padre, antes de que me lanzase a su compra, me dijo sabiamente: «David, ya tienes una moto, ¿por qué no te compras un coche y así tienes dos vehículos?». Yo ignoré totalmente el consejo paternal y opté por la adrenalina que solo esa Yamaha podía ofrecerme.

Era el colmo de la ironía: la moto que iba a vender para financiar mi parte en la nueva empresa había sido robada la noche de su nacimiento. La desaparición de la moto significaba más que la pérdida de un bien preciado; era mi única posesión. Sin embargo, con la ayuda de mi padre y su banco de confianza, logré otro préstamo que me permitió entrar como socio minoritario en la empresa Club Sol Premier. Pero el destino, caprichoso y a veces cruel, nos tenía reservada una prueba más: la crisis económica que sufrió España por entonces. Esta marea se llevó por delante innumerables empresas, incluida la nuestra, que apenas logró mantenerse a flote durante nueve meses. Los bancos no entendían de crisis y reclamaban el pago de mis préstamos; además, los últimos meses en la empresa fueron un torbellino de tensiones entre los socios por la ausencia de dinero.

A todo esto, mi novia, que también trabajaba conmigo y con la que llevaba cinco años de relación, decidió dejarme e irse con un comercial de nuestra empresa que, para más guasa, también se llamaba David. En retrospectiva, comprendo su decisión: yo era un insoportable manojo de nervios, irascible y consumido por la ansiedad y el estrés de una vida que parecía no tener salida, y nuestra relación estaba desde hacía tiempo en coma o más bien muerta. El día que ella anunció que me dejaba coincidió con la fatídica reunión en la que acordamos cerrar la empresa, por lo que me sumergí en una sensación de caída libre que me recordó el accidente de mi padre en mi infancia. Así llegó a mi vida mi segunda crisis existencial, un punto de inflexión que por un momento estuvo a punto de llevarme al abismo. Hasta ahora, este ha sido el único momento en el que he sentido que perdía el control de mi mente racional.

Todo mi mundo se volatilizó en cuestión de horas, no tenía a nadie a quien acudir y me sentí realmente muy solo. Aquella terrible noche lloré como un niño indefenso pidiendo ayuda a esa energía que identificaba como «mi Padre», liberando la desesperación que llevaba dentro. Sin embargo, al día siguiente me levanté con una idea clara: necesitaba aislarme por unos días, irme de la ciudad a algún lugar en soledad para reflexionar sobre mi vida. Pedí prestado el chalet que mis padres tenían en las afueras de Madrid y me recluí durante una semana completa en una soledad autoimpuesta e introspectiva. Mis padres aún no sabían nada de mi ruptura amorosa ni del cierre de la empresa, no quería preocuparlos más de lo que ya lo estaban.

Mi hermana Keka, a la que siempre le estaré muy agradecido, cuando me vio en aquel estado antes de partir a la casa de campo, me dijo:

—David, te voy a regalar dos libros de autoayuda que pueden transformar tu vida: *El guerrero pacífico*, de Dan Millman, y *Usted puede sanar su vida*, de Louise Hay. Por favor, prométeme que los leerás.

—Te lo prometo —le dije, aunque no sabía nada de ellos.

Sin teléfono móvil —era una rareza al alcance de muy pocos— y acompañado únicamente por los perros de mis padres, devoré las páginas de estos libros, corrí mucho y reflexioné. Fue una semana de confrontación con mi infierno personal, llegué a tocar fondo, pero también fue el comienzo de mi renacimiento. Gracias a los consejos sobre las afirmaciones positivas del libro de Hay, inicié un ritual diario frente al espejo. Al principio, cada «me amo» que me decía delante de mí mismo era contestado por un «te odio» desde las profundidades de mi mente, una batalla interna que continuó hasta que la autocompasión y la empatía fueron ganando terreno con el paso de las semanas.

Con cada afirmación, día tras día, mi resistencia interna lentamente se fue suavizando y comencé a perdonarme, transformando así mi visión de la vida. Desde ese momento, con veintitrés años, hasta ahora, con cincuenta y cuatro, he mantenido la práctica diaria de repetirme «me quiero, me amo, me acepto y me valoro», entre otras afirmaciones con las que trabajo en función de los objetivos que pretendo conseguir. Aunque al principio parecía una lucha contra el espejo, con el tiempo, estas afirmaciones se convirtieron en la base de un cambio de vida radical y una nueva forma de enfocar mi existencia. Con fuerza de voluntad y mucha repetición, conseguí reprogramar poco a poco mis creencias negativas y, gracias a las afirmaciones positivas, convertirlas en la fuerza imparable que me ha llevado hasta donde estoy ahora. No hay un solo día que no me repita alguna de las afirmaciones que siempre van conmigo.

Ahora que ya conoces mi historia con las afirmaciones, así como la transformación tan fuerte que me produjeron, vamos a profundizar en ellas para que tú también puedas aplicarlas en tu vida. Louise Hay, que gracias a sus libros se convirtió en mi maestra espiritual, me enseñó que las afirmaciones o decretos positivos son declaraciones que nos ayudan a tener una vida positiva y empoderada. Ella creía completamente que el poder está siempre en el presente, donde sembramos las semillas mentales para crear nuevas experiencias; un planteamiento muy budista, por otro lado. Según ella, nunca estamos atrapados; siempre podemos elegir nuevos pensamientos y nuevas formas de pensar, pues cada pensamiento que tenemos está creando nuestro futuro.

Las afirmaciones son, en esencia, un compromiso con uno mismo. Son un reflejo de la comprensión de que los pensamientos y las palabras tienen poder, que nuestras creencias internas configuran nuestra experiencia de la vida. Al afirmar positivamente, estamos eligiendo enfocar nuestra atención en lo que es bueno y deseable, en lugar de en lo que nos falta o nos preocupa. Implica salir de tu modo víctima y conectarte con el protagonista que llevas dentro.

Cuando digo «soy capaz», «soy fuerte», «soy una persona de éxito», no solo estoy describiendo una condición presente; estoy invocando la sensación de capacidad, fortaleza y éxito. Estoy diciéndome a mí mismo que estas cualidades ya están dentro de mí, y les doy permiso para ser reconocidas y expresadas plenamente en mi vida presente convirtiéndolas en pensamiento común. Estoy construyendo una visión de mí mismo que es poderosa y positiva, tal y como quiero verme y sentirme.

Las afirmaciones también actúan como un antídoto contra la negatividad. En un mundo en el que estamos constantemente bombardeados con mensajes que nos dicen que no somos suficientes, las afirmaciones son un acto de rebelión. Son una forma de decir: «Elijo no creer en mis limitaciones o en lo que me cuentan. Elijo creer en mi potencial ilimitado». Esta elección consciente es lo que puede comenzar a cambiar la forma en que interactuamos con nosotros mismos y con los demás.

Las afirmaciones son tan importantes que también se han realizado estudios de neurociencia para ver sus beneficiosos efectos en el cerebro. Hay uno de 2015 titulado «Self-affirmation alters the brain's response to health messages and subsequent behavior change»,[3] que se centra en cómo las afirmaciones pueden cambiar la forma en que el cerebro responde a los mensajes de salud, lo que puede llevar a cambios positivos de comportamiento con respecto a este tema. Otra investigación de 2016 («Self-affirmation activates brain systems associated with self-related processing and reward and is reinforced by future orientation»),[4] recoge cómo las afirmaciones activan partes del cerebro asociadas con el procesamiento de información sobre uno mismo y la recompensa que obtenemos. Los resultados nos dicen que cuando las personas repiten afirmaciones, se activan áreas cerebrales clave —especialmente en la corteza prefrontal ventromedial—, involucradas en cómo pensamos en relación a nosotros mismos y en cómo valoramos esas reflexiones, sobre todo cuando están orientadas hacia el futuro.

Todos mis cambios de trabajo, antes de dedicarme al coaching profesional, fueron primeramente programados en mi mente con meses de anterioridad con una afirmación que diseñé para esos casos: «Tengo un trabajo mucho más divertido y mucho mejor pagado que el trabajo que tengo ahora». Cuando el trabajo que realizaba ya no me motivaba, comenzaba a repetir esta afirmación cientos de veces al día, en el coche, la ducha, haciendo deporte, caminando, en todo momento, e iba a mi trabajo, el que quería cambiar, muy positivo porque sabía que en pocas semanas o meses aparecería uno nuevo más adecuado a las necesidades que demandaba en ese momento. Efectivamente a los dos o tres meses, por mediación de un contacto profesional, un amigo o cualquier otra vía, una empresa se ponía en contacto conmigo para ofrecerme un empleo más divertido y mejor pagado que el que tenía. Este es el verdadero poder de tu mente cuando conviertes tus deseos en pensamientos comunes y los integras en tu vida.

Las afirmaciones tienen varias características clave que las hacen efectivas:

1. **Positividad:** Son siempre positivas, y reflejan lo que deseas lograr o sentir, en lugar de lo que quieres evitar o cambiar. Nunca utilices el «no» al diseñarlas.
2. **Presente:** Siempre tienes que formularlas en tiempo presente para enfatizar la aceptación y la realización in-

mediata de lo afirmado. Tienes que dar por hecho esa afirmación y sentir que ya es real en tu vida actual.

3. **Personalización:** Tienes que hacer tuyas las afirmaciones, aunque las hayas visto en algún otro sitio. Al personalizarlas a tu gusto, es importante que reflejen tus propios valores y objetivos y siempre en primera persona del singular (yo).

4. **Claridad:** Son claras y específicas. Evita ambigüedades para que el mensaje sea directo, comprensible y potente.

5. **Repeticiones:** Para que sean efectivas, debes repetir las afirmaciones constantemente, decenas o mejor cientos o miles de veces al día, para que se conviertan en una parte integrada de tus pensamientos comunes y creencias.

6. **Credibilidad:** Tienes que sentirlas como realistas y creíbles, de manera que se puedan integrar en ti rápidamente y de forma genuina. En este punto quiero darte un truco infalible, una muletilla, que tendrás que aplicar si tu mente racional no se cree la afirmación que estás repitiendo. Si este es tu caso, en vez de decirte, por ejemplo, «me amo y me acepto», te dirás «cada día que pasa yo me amo y me acepto un poco más». ¿Qué efecto tiene en tu cerebro este tipo de afirmación puente? La aceptación, porque así tu mente no podrá contradecirte, ya que es cierto que cada día te amas y aceptas un poquito más. Deberás repetir esta afirmación puente hasta que sientas que no hay resistencia en tu interior, y entonces pasarás a la afirmación original.

Es importante reconocer que las afirmaciones no son una varita mágica. No cambian las circunstancias de la noche a la mañana, pero tienen el enorme poder cuántico de cambiar tu actitud y percepciones frente a esas circunstancias. Con el tiempo y la práctica constante diaria, las afirmaciones te ayudarán a desarrollar un estado mental más positivo y resiliente que te llevará a conseguir lo que deseas. Pueden ayudarte a ver los desafíos como oportunidades y a reconocer tu propia capacidad para superar los obstáculos.

Muchas personas me preguntan: ¿cuántas afirmaciones puedo trabajar a la vez? Yo siempre respondo que, más importante que el número, es la cantidad de repeticiones diarias por cada afirmación. Recomiendo trabajar como mucho tres o cuatro afirmaciones a la vez. ¿Y cuándo tenemos que dejar de repetirlas? Eso dependerá de varios factores, aunque siempre podrás seguir repitiéndolas si así lo deseas.

- Cuando la afirmación que repetimos ya se ha materializado en nuestra realidad en cualquiera de las formas que tu consideres como válidas.
- Cuando sientas que la afirmación ya forma parte de ti como una red neuronal común que se activa a diario sin necesidad de esfuerzo, aunque lo que deseas aún no se haya materializado en el mundo físico.
- Si con el tiempo sientes que esa afirmación ya no es importante en tu vida por algún cambio que hayas tenido.
- Si sientes que la frase que te repites te genera cierta resistencia o que es necesario modificarla. En este caso, lo único

que tendrías que hacer es reformularla con las nuevas palabras que se adapten mejor a tu estado actual.

Aunque desde mi punto de vista es conveniente que crees tus propias afirmaciones positivas para trabajar lo que necesites, aquí tienes, a modo de ejemplo, veinte afirmaciones enfocadas en la felicidad, la abundancia, la riqueza y el éxito:

1. Soy merecedor de felicidad y abundancia.
2. Cada día atraigo oportunidades que incrementan mi riqueza.
3. Elijo ser feliz y positivo en todo momento.
4. La abundancia fluye hacia mí de maneras inesperadas.
5. Mi éxito es natural y continuo.
6. Estoy rodeado de amor, felicidad y prosperidad.
7. Creo en mi capacidad para crear riqueza y éxito.
8. Mi vida está llena de alegría y satisfacción.
9. Atraigo relaciones y situaciones que engrandecen mi vida.
10. Cada día, me siento más confiado en alcanzar mis metas.
11. Soy un imán para el éxito y la buena fortuna.
12. Mi mente es una poderosa aliada en la manifestación de mis sueños.
13. Aprecio y celebro cada éxito, grande o pequeño.
14. La felicidad es mi estado natural de ser.
15. Confío en mi intuición y tomo decisiones que me llevan al éxito.
16. Mis acciones crean prosperidad y riqueza constante.
17. Soy un ejemplo de triunfo.

18. Acepto la abundancia que me ofrece el universo.
19. Cada día, mis habilidades y talentos me acercan más a mis objetivos con éxito.
20. La riqueza es una parte positiva de mi vida y la utilizo para hacer el bien.

Por último, quiero compartir contigo la afirmación más importante que me acompaña desde 2009, por si te vibra y te puede ayudar igual que lo hace conmigo. La repito como mínimo veinte veces al día, al despertarme y sobre todo cuando vivo alguna situación, externa o interna, que me conecta con el miedo:

YO CONFÍO EN MÍ Y EN LA VIDA

Conclusión

Recuerda que tú tienes el control sobre tus pensamientos. Como mago, tienes el poder de elegir en qué enfocarte y qué creencias quieres cultivar. Utiliza este poder sabiamente y podrás cambiar no solo tu percepción del mundo, sino también la realidad en la que vives.

Si alguna vez te sientes abrumado por tus pensamientos o inseguro sobre cómo proceder, recuerda que no estás solo en este viaje. Este libro está escrito para apoyarte en cada paso del camino hacia la maestría de tus pensamientos y la creación consciente de tu realidad.

La transformación es posible, y todo comienza con el poder de un pensamiento.

6

EL PODER MÁGICO
DE TU MENTE CUÁNTICA

Cualquiera que no se sorprenda por la teoría
cuántica, no lo ha entendido.

NIELS BOHR (1885-1962), ganador del
Premio Nobel de Física de 1922

¿Has leído o visto *El secreto de Rhonda Byrne*? Recuerdo la
primera vez que vi la película documental en 2006. Fue como si
alguien me hubiera dado las llaves para abrir mi propia mente.
El film habla de la ley de la atracción, una idea que parecía sencilla pero a la vez muy poderosa: tus pensamientos tienen la capacidad de crear tu realidad. Esto, en verdad, no era algo nuevo
para mí. Desde 1993, había estado practicando afirmaciones,
repitiendo frases positivas a diario para reprogramar mi cerebro

y mi forma de vivir. Y sí, me estaba funcionando. Mis afirmaciones se habían convertido en una herramienta valiosísima cuando quería introducir algo nuevo en mi vida, creaba primero la afirmación y durante meses la repetía sin cesar mientras, poco a poco, iba transformando mi modo de pensar y mi realidad.

Pero la película *El secreto* llevó esta idea que ya conocía un paso más lejos. No solo trataba de pensamientos positivos, sino de cómo el mismo universo responde a las vibraciones mentales que generamos cuando visualizamos y nos repetimos algo mentalmente. Tras llevar trece años repitiéndome frases, no me costó creerlo, aunque todavía no llegaba a comprender cómo unos simples pensamientos podían influir tanto en mi mundo. Pero entonces, también en 2006, una amiga que conocía mis experimentos mentales me llamó y me dijo: «David, me han pasado una película documental americana que tienes que ver», y me hizo llegar *¿¡Y tú qué sabes!?* (*What The Bleep Do We Know!?*). Como no podía ser de otra manera, la película me encantó, y fue con ella la manera en que me introduje en la comprensión de cómo la física cuántica apoya estas ideas sobre el poder de los pensamientos. Hasta ese momento, el único contacto que había tenido con esta materia fue un año antes con el dueño de la empresa en la que trabajaba en Nueva York, el cual estudió en su etapa universitaria Física Cuántica. Recuerdo su paciencia conmigo en un largo viaje en coche, al explicarme la teoría de cuerdas para que pudiera entenderla... ¡Y lo conseguí, casi llegando al destino!

En la película *¿¡Y tú qué sabes!?*, algunos científicos y otros profesionales explican cómo nuestra forma de percibir y nuestra conciencia pueden influir en la realidad. El físico cuántico Alan Wolf expone cómo, en el mundo cuántico, las relaciones lo forman todo; no hay cosas hasta que esas relaciones se definen. Esta idea me ayudó a entender que no solo los pensamientos afectan a mi vida personal, sino que, a nivel cuántico, la observación misma está creando mi mundo.

El doctor Joe Dispenza, de quien soy un gran admirador desde que vi la película y al que pude ver en persona en 2007, añadió otra capa a este nuevo entendimiento para mí cuando dijo algo así como que «los pensamientos son el idioma del cerebro y las emociones son el idioma del cuerpo». Esto me hizo pensar en mis afirmaciones. No solo repetía palabras, sino que estaba creando una sinergia entre mi mente y mi cuerpo, entre mis pensamientos y mis emociones. Estas dos películas cambiaron mi perspectiva sobre cómo funciona el mundo, pero también sobre cómo puedo interactuar con él. Empecé a ver mis pensamientos y afirmaciones como herramientas para el cambio personal y como parte de un diálogo con la mente universal, o lo que en mi infancia y adolescencia llamaba «mi Padre». La física cuántica me mostró que no estamos desconectados de nuestro entorno; somos participantes y protagonistas activos, e influimos y somos influenciados constantemente por el mundo que nos rodea.

Esta idea es fundamental en mi enfoque hacia el entrenamiento mental. Con este libro, quiero que entiendas cómo puedes usar tu mente, tus pensamientos y tus afirmaciones para no solo cambiar tu interior, sino también influir a tu alrededor. Esto no es magia ni fantasía; es una aplicación práctica de principios científicos. La ley de la atracción y la física cuántica, juntas, nos ofrecen una nueva forma de entender el mundo en donde no estás determinado por un destino prefijado, sino que tienes infinitas potencialidades, y donde tu conciencia y tus intenciones guían la dirección de tu vida. Esta comprensión te llevará a una responsabilidad mayor. Si tus pensamientos y emociones son tan poderosos, tienes que aprender a enfocarlos correctamente. Aquí es donde entra en juego la práctica del enfoque mental, el tema central de este libro. Se trata de que pienses en positivo, pero también de que dirijas tu atención y energía de manera coherente y consciente hacia los objetivos y deseos para colapsarlos materialmente.

Al final, lo que *¿¡Y tú qué sabes!?* y *El secreto* me enseñaron es que tú y yo somos cocreadores de nuestra realidad, y que con mucho trabajo los resultados pueden ser extraordinarios, tal y como he visto en mis clientes de coaching y en mi propia vida. Si aún no lo has hecho, te invito a que abras tu mente a estas ideas y salgas de la caja mental en la que te encuentras, determinada por tus creencias más ortodoxas y cerradas. No importa si al principio estas ideas te parecen raras o difíciles de creer. Con el paso del tiempo, y sobre todo la práctica, podrás ver por ti mismo cómo tus pensamientos y emociones interactúan con el mundo a tu alrededor, y cómo puedes usar este poder para crear la vida que deseas.

Empecemos por el principio

Para entender la física cuántica, debes abrir tu mente, volver a ser niño y despojarte de prejuicios, ya que así desafiarás tus nociones tradicionales de la realidad. Esta física estudia los componentes más básicos del universo: las partículas subatómicas, que no son visibles a simple vista ni tampoco con microscopios convencionales.

Un concepto fundamental es que todo en el universo, incluidos nosotros mismos, está compuesto de átomos. Todo lo que vemos, absolutamente todo, está formado por estas partículas a una escala nanométrica (es decir, a una escala de una milmillonésima parte de un metro). Estos átomos, a su vez, están formados por electrones, protones y neutrones. Los átomos y estas partículas determinan si algo es sólido, líquido o gaseoso, los tres estados de la materia.

Lo sorprendente es que los átomos son, en su mayoría, espacio vacío. Esto nos lleva a una conclusión asombrosa y difícil de creer para una mente racional: lo que percibimos como sólido y duro, en realidad, no lo es tanto. Este concepto es fundamental en la física cuántica, pues las partículas subatómicas pueden existir en varios estados, ondas y partículas, al mismo tiempo. Esto, lo reconozco, me voló la cabeza completamente cuando lo escuché por primera vez.

Para que puedas entender mejor la idea de que los átomos son principalmente espacio vacío, a menudo se utiliza la analogía del estadio de fútbol de un gran equipo. Si el núcleo del átomo fuera del tamaño del balón situado en el centro del campo, los electrones serían granos de arena que orbitan en las gradas más alejadas del estadio. Esta imagen ayuda a comprender la enorme cantidad de espacio vacío que hay dentro de un átomo. Es increíble cómo los sentidos y nuestras propias creencias nos inducen a pensar lo contrario: que el cuerpo y lo que nos rodea es sólido, cuando en realidad somos un 99,99999999 % de espacio vacío y solo un 0,000000001 % de materia. Este fenómeno nos lleva a una reflexión profunda sobre la realidad y nuestra percepción de ella. Lo que vemos y experimentamos es solo una fracción de lo que existe en el universo. Nuestros sentidos solo captan una pequeña parte de la realidad, en concreto, de todo el espectro electromagnético, menos de un 0,01 %, lo que limita nuestra comprensión del mundo.

La dualidad onda-partícula y el observador

El famosísimo experimento de la doble ranura es un claro ejemplo de este fenómeno que te he comentado sobre los estados de onda y partícula a la vez. Fue realizado por primera vez por Thomas Young en el año 1801 y demostrado empíricamente en diferentes experimentos científicos.[1] En el experimento, los físicos disparan electrones hacia una barrera que tiene dos ranuras. Detrás de la barrera, hay una pantalla que registra dónde llegan estas partículas. Cuando las dos ranuras están abiertas y nadie observa el experimento, las partículas actúan como ondas (energía), creando un patrón de interferencia en la pantalla. Es como si cada partícula pasara por ambas ranuras al mismo tiempo y luego interactuara consigo misma. ¡De locos! Pero, y aquí está lo más alucinante, cuando se observa por qué ranura pasa cada partícula, estas dejan de actuar como ondas y empiezan a comportarse como partículas (materia), y el patrón de interferencia desaparece. Esta dualidad onda-partícula desafía completamente la comprensión clásica de la física y revela que la naturaleza de la realidad no es tan sólida como tradicionalmente se pensaba. Además, el experimento viene a decir que las partículas tienen una especie de inteligencia, ya que su comportamiento cambia en presencia de un observador.

Se trata de un experimento realmente increíble: ¿cómo es posible que por el simple hecho de observar una partícula cambie su comportamiento? En el mundo cuántico, parece que la realidad existe en un estado de posibilidades hasta que es observada. En ese momento, todas esas infinitas ondas de posibilidades colapsan en una realidad concreta (partícula). Cuando vi este experimento explicado en el documental *¿¡Y tú qué sabes!?* por primera vez, no lo entendí y tuve que verlo varias veces más hasta que fui capaz de darme cuenta de la importancia del observador en toda la ecuación.

¿Qué te parece? ¿Lo has entendido a la primera o necesitas releer el capítulo? Ahora lleva esta idea a tu vida diaria. Si en el nivel cuántico la observación puede cambiar la realidad de esas partículas subatómicas, ¿qué implica esto para nosotros, que somos los observadores de nuestra propia vida? Aquí es donde entra en juego el concepto del observador cuántico que llevamos dentro. Este, al estar contemplando con atención los pensamientos y emociones que pones en tu mente, ya sean buenos o malos para ti, está constantemente moldeando cómo experimentas el mundo. Si cambias tu forma de pensar, tus creencias y expectativas, puedes cambiar tu experiencia de la realidad. ¡Eso tenlo por seguro! Ahora, esto no significa que tan solo por pensar de forma positiva vayas a cambiar todo a tu alrededor instantáneamente. La realidad es más complicada de lo que parece, y hay muchas fuerzas en juego. Pero lo que sí significa es que tienes mucho más poder sobre la experiencia de la vida de lo que a menudo crees.

En relación con la consecución de objetivos, metas y deseos, el papel del observador cuántico se vuelve aún más importante si cabe, ya que cuando establecemos un objetivo, estamos básicamente seleccionando una de las infinitas posibilidades que existen en el universo cuántico. Nuestra mente, como observadora, no solo identifica el objetivo, sino que también influye en la probabilidad de su manifestación. De esta forma puedes comenzar a colapsar «tu onda de posibilidades» en tus objetivos y metas deseadas cumplidas.

El gato cuántico más famoso de la ciencia

Hay un gato más famoso que Garfield y pertenece a este mundo atómico gracias al principio de superposición.

En el mundo cuántico, cada partícula existe en un estado de superposición, lo que significa que puede estar en varios lugares o estados al mismo tiempo, hasta que se realiza una observación; ¡esto ya es rizar el rizo! Esta idea, cero intuitiva, llevó al físico Erwin Schrödinger a proponer su famoso experimento mental del gato en 1935. Imaginó una caja cerrada con un felino dentro, un frasco de veneno y un átomo radiactivo que tenía un 50 % de probabilidades de desintegrarse en una hora, lo cual rompería el frasco y mataría al gato con el veneno. La pregunta que planteó fue: después de una hora sin abrir la caja, ¿el gato estará vivo o muerto? Según la física cuántica, antes de abrir la caja, el átomo se halla en un estado de superposición entre desintegrado y no desintegrado. Y por extensión, el gato estaría también en una superposición entre vivo y muerto. Justo al abrir la caja es cuando «se observa» y esa superposición cuántica se resuelve colapsando en un único estado real... ¡Pobre gato! Tiene un 50 % de probabilidades de morir.

Te estarás preguntando qué pinta todo esto para entrenar y enfocar la mente hacia tus objetivos. Pues bien, déjame decirte que, así como las partículas subatómicas existen en múltiples estados probables a la vez, tus objetivos y metas también parten de un estado de posibilidades superpuestas en tu mente. Todas las potenciales variantes de esos objetivos están coexistiendo, hasta que tú las observes y las definas con mayor claridad. Del mismo modo que al medir una partícula cuántica «se colapsa» una sola realidad concreta, cuando enfocamos nuestra mente en una visión específica de nuestra meta, hacemos que ese objetivo tome una forma definida entre muchas potenciales.

La incertidumbre de las posibilidades

El principio de incertidumbre de Heisenberg establece, de forma sencilla, que es imposible medir con total precisión y al mismo tiempo la posición y la velocidad de una partícula subatómica. Es decir, cuanto más exactamente determines y fijes una de esas variables, más incierta e indefinida será la otra. Esto se debe a que, en esa diminuta escala cuántica, la propia interacción entre la partícula y el instrumento de medición altera alguna de las variables. Es un efecto puramente cuántico. Nuestras mentes racionales esperarían que, midiendo con más precisión la posición, también podríamos atinar mejor la velocidad. Pero en el mundo subatómico todo está al revés y funciona con una lógica diferente.

En cuanto a la relación de este principio con el enfoque mental, quiero que imagines tus objetivos y deseos como partículas subatómicas. No siempre puedes predecir exactamente cómo y cuándo alcanzarás tus metas (la posición de la partícula) y, al mismo tiempo, mantener una flexibilidad y adaptabilidad en tu enfoque (la velocidad de la partícula). Este principio nos indica la importancia de equilibrar la planificación detallada con la capacidad de adaptarse a circunstancias imprevistas, reconociendo que hay elementos de nuestras metas que necesitarán ajustarse a medida que avanzamos.

Todos estamos entrelazados

El principio de entrelazamiento cuántico es una de las ideas que más me han impactado cuando lo escuché por primera vez, y es uno de los más importantes en física cuántica. Fue introducido en 1935 por Albert Einstein, Boris Podolsky y Nathan Rosen a través de un famoso experimento conocido como la «paradoja EPR», cuando cuestionaban los aspectos extraños de la mecánica cuántica. Llamaron a este fenómeno «una acción fantasmal a distancia», ya que parecía desafiar el sentido común y la física clásica.

Este principio establece que un conjunto de partículas, incluso solo dos, están tan entrelazadas en su existencia que, incluso aun estando separadas por miles de años luz, el cambio de estado de una afectará instantáneamente a las otras. Este fenómeno fue demostrado experimentalmente por primera vez por el físico John Bell en 1964, mediante la famosa «desigualdad de Bell», que proporcionó un marco para probar la existencia del entrelazamiento cuántico.

Pero ¿qué relevancia tiene esto para nosotros, para nuestra mente y nuestra realidad cotidiana? Sorprendentemente, mucho. Si consideramos que todas las partículas del universo provienen del mismo origen, el Big Bang, esto implica que, de alguna forma, todos estamos entrelazados. Esta interconexión implica que nuestros pensamientos y acciones pueden tener un impacto mucho más amplio de lo que imaginamos. Por ejemplo, si pienso en alguien, de acuerdo con el principio del entrelazamiento cuántico, estoy afectando a esa persona de alguna manera. Si mantengo pensamientos negativos hacia alguien, esos pensamientos pueden tener un impacto real sobre esa persona. Este principio nos lleva a una comprensión más profunda de la responsabilidad que tenemos sobre nuestros pensamientos y cómo estos pueden influir en el mundo que nos rodea. En mi caso, esta forma de ver el impacto de mi crítica y el juicio en otras personas me ha llevado a ser mucho más cuidadoso con mis palabras.

Otra conclusión importante que podemos sacar de este principio es que nunca debes contar tus objetivos antes de cumplirlos. Hay personas con mucha envidia que, si los conocen, pueden crear una realidad en donde tú no los consigues y ellos se alegran, lo cual generará una energía disonante en tu proyección de los objetivos. Recuerda el dicho «por la boca muere el pez».

Otra implicación fascinante del entrelazamiento cuántico es su relación con la «nube» de pensamientos colectivos. En cierto sentido, todos nos hallamos conectados a esta nube, donde cualquier idea y pensamiento de la humanidad existe. Cuando tienes una idea, no solo reside en tu mente; potencialmente se conecta con otros pensadores, filósofos y creadores alrededor del mundo. Esta conexión puede explicar cómo diferentes personas en distintos lugares pueden llegar a ideas similares de manera independiente.

El entrelazamiento cuántico nos sugiere que vivimos en un mundo donde todo está conectado de manera que apenas comenzamos a entender. En este sentido, no solo estamos conectados con los demás seres humanos, sino con todo el universo a un nivel fundamental. Por ejemplo, si aplicamos el concepto de entrelazamiento cuántico a la mente humana, podríamos considerar cómo nuestras emociones o estados mentales podrían estar entrelazados con los de otra persona. Imagina que tienes un amigo cercano con quien compartes una amistad profunda. Cuando este amigo experimenta una emoción intensa, como una alegría extrema o una tristeza profunda, puedes llegar a sentir una emoción similar sin ninguna comunicación obvia. Este fenómeno, similar al entrelazamiento cuántico, sugiere que nuestras relaciones pueden crear conexiones profundas que trascienden el espacio y el tiempo convencionales.

La mente cuántica y su relación con la mente budista

Llevo muchos años escuchando a mi maestro Zopa en los retiros de meditación Vipassana hablar sobre las diferentes propiedades de la mente, y por este motivo no puedo dejar pasar la oportunidad de mencionar los grandes paralelismos que tiene la mente con la física cuántica.

La física cuántica ha descubierto que, en el nivel más profundo, la realidad no es tan sólida ni estática como se nos aparece día a día. Es más bien un mar de posibilidades y potencialidades que están en constante movimiento e interconexión. Sorprendentemente, esta visión se parece mucho a las ideas que, desde hace 2.500 años, plantea el budismo sobre la impermanencia de todo y la interrelación entre todos los fenómenos.

En la física cuántica, la mente cuántica y el observador son conceptos que resuenan con este entendimiento budista. La mente cuántica nos dice que nuestra conciencia no está limitada por nuestro cerebro físico, sino que es parte de un gigantesco entramado cuántico que abarca todo el universo. Así como el budismo nos enseña que la mente está interconectada con todo el samsara, esta realidad en la que vives y te reencarnas, la física cuántica nos muestra cómo el observador (tú) no es un simple espectador: es el protagonista en la creación de tu realidad. Cada vez que te sientas a meditar, cada vez que observas tus pensamientos sin apegarte a ellos, estás practicando la esencia de ser un observador cuántico. Estás eligiendo no colapsar las infinitas posibilidades de tu conciencia en una única realidad. En lugar de ello, permites que cada pensamiento exista sin juzgarlo, sin definirlo, permitiendo que sea y que se vaya sin resistencia.

Piensa en esto: en la física cuántica, las partículas existen en estados de superposición hasta que son observadas. De manera similar, en la meditación Vipassana aprendemos a ver los pensamientos y las emociones como impermanentes, surgiendo y desapareciendo, sin aferrarnos a ellos. Cada vez que meditas, estás practicando la no identificación con cualquier estado mental fijo, reconociendo la naturaleza fugaz de cada experiencia. El cruce de estos dos mundos, la física cuántica y el budismo, me ha llevado a la convicción de que tenemos el poder de cambiar nuestra realidad. No a través de un control férreo y ansioso, sino mediante la comprensión y la observación consciente. Al igual que en la física cuántica, en la que el observador afecta a lo observado, en la meditación, al contemplar tus pensamientos y emociones, influyes en la estructura de tu mente.

Así como un electrón modifica su comportamiento cuando es observado, tus patrones mentales pueden cambiar cuando les prestas atención consciente. No es un cambio instantáneo ni mágico, pero, con práctica y paciencia, el acto de observar con detenimiento tus pensamientos y emociones puede llevar a una transformación profunda. En el budismo se habla de la vacuidad, la enseñanza de que las cosas no tienen una esencia inherente, sino que existen en dependencia de otras. La física cuántica refleja esta enseñanza al mostrarnos que las partículas subatómicas no tienen propiedades fijas independientemente de su observación. Este paralelismo entre la mente cuántica y la mente budista no parece ser una coincidencia, sino una convergencia de la verdad a través de diferentes lentes.

Entonces ¿cómo aplicas esto a tu vida? Comienza por observar. Observa tus pensamientos como si fueran partículas cuánticas, permitiéndoles ser sin forzarlas a colapsar en una realidad que no deseas. Observa tus emociones como ondas de energía en tu conciencia, dejándolas pasar sin aferrarte. Y recuerda, en cada momento de observación, estás ejerciendo tu poder como cocreador de tu realidad.

Entrenando tu mente cuántica con la técnica de trataka

La primera técnica que comencé a practicar en el año 2010 al profundizar en el enfoque mental fue trataka. Este milenario método consiste en enfocar la mirada de forma prolongada y sin parpadear en un punto, en este caso, la llama de una vela, para entrenar nuestra concentración, aclarar la visión y que nos ayude a dirigir y manifestar esa energía creativa que llevamos en el interior. Durante varios años fue mi técnica favorita y aún hoy la sigo realizando esporádicamente, aunque en la actualidad mi técnica diaria es la meditación Anapanasati.

Solo puedo hablar bien de trataka porque, tras practicarla a diario, obtuve grandes resultados. Mi enfoque se afinó considerablemente y mi mente se estabilizó. Siempre he sido un enamorado del fuego, y contemplarlo durante media hora al día hacía que me sumergiera en un estado de concentración y trance que, en ocasiones, me llevaba a estados alterados de conciencia, en que el peso de mi cuerpo desaparecía y la sensación de ingravidez suponía un reto para no perder la concentración. Después de meses practicando diariamente esta técnica, comencé a desarrollar una mayor capacidad de concentración y atención, más agudeza visual, más intuición, más tranquilidad, más poder de materialización de mis objetivos y de cualquier cosa en la que me enfocase; también bajó mi estrés, aumentó mi creatividad y tuve más «momentos ajá» o «eureka».

Desde mi punto de vista, las dos mejores técnicas para trabajar tanto la atención como la concentración son trataka (atención a la llama de la vela) y Anapanasati (atención a la respiración). La primera se realiza con los ojos abiertos y la segunda con los ojos cerrados o entrecerrados. Tu poder de manifestación se hace más poderoso cuanto más entrenes tu mente con este tipo de técnicas.

Lo bueno de trataka es su simplicidad para realizarla. Veamos los pasos que hay que seguir para que puedas practicarla en casa:

- Usa una vela ni muy gruesa ni muy fina; yo siempre he utilizado las velas blancas normales que se compran en Ikea. No emplees velas que estén dentro de un vaso, ni las pequeñitas decorativas, tampoco las alargadas tipo candelabro. Es muy importante que la mecha sea lo suficientemente larga para que la llama sea grande.
- En el caso de que no tengas posibilidad de tener una vela real, puedes descargarte alguna de las muchas apps que hay para el móvil para practicar esta técnica. Procura que sea una aplicación donde haya un vídeo con una vela real y no un dibujo.
- Con una postura cómoda, ya sea en tu cojín de meditación o en una silla con la espalda recta, ponte la vela a metro y medio o dos de distancia y, más o menos, a la altura de los ojos.
- El lugar en donde vayas a practicar trataka debe ser silencioso, tener algo de luz y sin corrientes de aire para que la llama esté estable.
- Una vez bien colocado, mantén la mirada fija en un punto específico de la llama, en concreto, en su zona central de color negro, sin parpadear hasta que no puedas más. Cuando parpadees, vuelve a fijar la mirada de nuevo sin cerrar los ojos. Con total seguridad surgirán muchos pensamientos; acéptalos y vuelve a enfocarte en la llama,

así cada vez que te disperses. Ten paciencia y no te agobies si pierdes la atención rápidamente, lo importante es volver a poner el foco en la llama.

- Puedes comenzar con cinco minutos e ir subiendo progresivamente hasta alcanzar veinte minutos o más.

Te animo a que pruebes esta técnica durante varios meses de forma continuada; comprobarás cómo mejora tu enfoque mental. Serás más consciente de tu mente cuántica y podrás emplearla con más acierto en tu vida diaria. Al igual que la superposición cuántica permite múltiples posibilidades, la técnica de trataka te ayuda a enfocar tus posibilidades mentales en un punto concreto, ayudándote a aclararte y a tomar mejores decisiones.

7

EL PODER DE VISUALIZAR
LAS METAS EN TU MENTE

> Por más difícil que la vida pueda parecer,
> siempre hay algo que podemos hacer con
> éxito.
>
> STEPHEN HAWKING

Para que tu mente y tu cerebro trabajen de manera eficiente en la creación y consecución de tus metas, es imprescindible que ambos estén alineados en una sola dirección. Esto trasciende las influencias del exterior y se centra más bien en las energías internas, aquellas que definen con nitidez tus pensamientos y catalizan la energía emocional hacia tus metas y sueños.

Visualizar un futuro deseado va más allá de imaginar la meta; implica activar conscientemente determinados poderes mentales, los cuales veremos en este capítulo, que transformarán esa visión en realidad. Sin embargo, la falta de sincronía y congruencia entre estos puede desembocar en un resultado no deseado, algo que, por otro lado, suele ser muy habitual. De ahí nuestra frustración en muchas ocasiones cuando deseamos alcanzar algún objetivo y no lo conseguimos.

En esencia, lo que quiero recalcar aquí es la importancia de la coherencia entre el pensamiento inicial que forja tu visión de lo que deseas, las palabras que escoges para describirla y, eventualmente, la energía emocional que acompaña a las acciones que tomes. Profundicemos en cómo podemos orquestar estos elementos para tu mayor beneficio.

La metodología de los tres poderes para programar nuestras metas

El poder de nuestra mente es increíble y, seamos conscientes o no de ello, lo estamos utilizando desde que nacimos. Con el paso de los años, y mirando atrás, me considero un gran manifestador de la realidad en la que vivo, porque desde niño siempre he buscando los poderes mágicos de la mente, y en estos últimos quince años creo que los he ido refinando poco a poco, integrándolos con conciencia en mi forma de vivir. Yo he creado mi realidad, toda, y me toca hacerme responsable de ella, así como de perdonarme por el daño que me he hecho en el pasado, también por el que a veces me sigo haciendo, y pedir perdón a todas las personas a las que he perjudicado tanto con hechos como con palabras a largo de mi existencia.

Nadie me explicó cómo funcionan la mente y el cerebro, y como cualquier otra persona, sobreviví en esta selva que es la vida, buscando desesperadamente una pista que me iluminara el camino. Un camino para crear una realidad basada en vivir en paz, feliz y en abundancia, que por otro lado merecemos de nacimiento. ¿Por qué te digo esto? Porque tengo un niño y una niña de cuatro y seis años y puedo ver la fuerza que tienen para manifestar lo que desean en sus vidas, aunque no se den cuenta. Ellos piden y la vida les provee, y eso que no tienen dinero y son totalmente dependientes de mi mujer y de mí, pero por suerte aún no tienen limitaciones en sus mentes. Por esta razón tenemos que volver a ser esos niños que usaban su imaginación sin límites y que sabían pedir lo que querían sin la mente racional que ahora nos esclaviza.

Después de tantos años aprendiendo con grandes maestros y poniendo en práctica multitud de técnicas para entrenar la mente y enfocarme en mis metas, quiero mostrarte una metodología, que considero lógica, sencilla y muy efectiva. Esta metodología la aprendí, en parte, de Morfeo de Gea, el dueño del interesantísimo blog *Detrás de lo aparente*, además de otras fuentes que se pierden en mi memoria. Creo que reúne las variables necesarias para poner en marcha todo el potencial de la mente al servicio de nuestras metas, y consta de tres poderes mentales que trabajan de forma secuencial:

1. **La intención inicial:** El porqué.
2. **El propósito final:** El para qué.
3. **La fuerza de voluntad:** La continuidad.

En 2014, empecé a aplicar esta metodología a mis propios objetivos, complementándola con las técnicas de enfoque mental que ya practicaba años atrás. Unos meses después, llegó el primer éxito tangible: una especie de inspiración que me impulsó a crear un programa de enfoque mental. Este programa estaba diseñado para enseñar a las personas a aprovechar el poder de su mente para alcanzar sus objetivos. Así, en 2015 nació el NeuroFocus System©, un curso en el que integré todas las técnicas que había utilizado para entrenar mi mente, junto con el modelo de los tres poderes mentales. Desde su creación, miles de personas han usado este sistema para lograr sus metas con gran éxito.

Ser-hacer-tener o tener-hacer-ser

Antes de continuar, quiero explicarte la base sobre la que se fundamenta esta metodología. La frase «ser-hacer-tener» es un principio que se ha hecho muy famoso dentro del desarrollo personal y el mundo espiritual. Esencialmente resume un tipo de filosofía de vida que viene a decir que lo que *eres* determina lo que *haces*, y esto, a su vez, determina lo que *tienes*, en lugar de enfocarte en adquirir cosas para ser feliz o tener éxito, que sería «tener-hacer-ser». Este principio sugiere que primero debes enfocarte en introducir en tu interior lo necesario para ser la persona que deseas, y entonces, ya como esa nueva persona, realizarás las acciones correctas y los resultados deseados seguirán naturalmente.

La secuencia «ser-hacer-tener» frente a «tener-hacer-ser» refleja dos modelos completamente diferentes de cómo enfocas la vida y te aproximas a tus objetivos. El orden de estos tres verbos marcará en gran medida tu energía mental y cómo manifiestas lo que deseas cada día.

Habitualmente la forma en la que solemos concebir la creación de un objetivo en la mente pasa primero de forma rápida por desear algo (querer tenerlo) y, acto seguido, nos ponemos en acción para conseguirlo. Desde mi punto de vista, esta forma de conseguir metas u objetivos no es la más eficiente, ya que la palanca inicial o intención, en muchas de las ocasiones, está basada en la necesidad imperiosa de cambio o carencia y no en la tranquilidad de la abundancia. Esto, como te explicaré en este capítulo, hará que en muchas ocasiones no consigas lo que te has propuesto o solo obtengas una parte.

La metodología que utilizo para conseguir mis metas se centra principalmente en el ser, ya que la intención, el propósito y la fuerza de voluntad son cualidades de la mente. Por ejemplo, si te pones como objetivo ser una persona saludable y decides sentirte como tal, ese estado de ser guiará tus acciones: comenzarás a hacer ejercicio, a comer bien, a descansar más y, como resultado, acabarás obteniendo más salud y bienestar en tu vida. Aquí, tu intención inicial de ser saludable te motiva a realizar acciones específicas, y el propósito final es vivir una vida más sana y activa.

Ahora, si inviertes el orden a «tener-hacer-ser», la perspectiva cambia por completo. Suponte que piensas que necesitas tener un gimnasio en casa o hacer una dieta estricta para empezar a ser saludable. En este caso, pones la condición de *tener* antes de *actuar* y de *ser*. Puede que comiences haciendo ejercicio o practicando una dieta específica, pero como tu enfoque empieza con una condición externa y no basada en tus verdaderos valores, a la mínima que falles en el deporte o con la comida, abandonarás tu objetivo.

Quiero ponerte un último ejemplo muy ilustrativo, fruto de creencias aprendidas sobre el dinero desde la infancia. Lo habitual es que una persona diga: «Cuando tenga mucho dinero, podré entonces hacer lo que quiera y me sentiré seguro» (o cualquier otro valor). Este es otro claro ejemplo de «tener-hacer-ser» que genera tanta inseguridad con el dinero. Lo que estás afirmando con este planteamiento es que solo te sentirás seguro cuando tengas una buena situación económica y puedas hacer lo que deseas, dejando tu estado emocional en manos de algo externo como es el dinero. Pero ¿de verdad que solo te sientes seguro cuando tienes dinero? ¿No hay alguna otra situación en la que te sientas seguro? ¡Por supuesto que sí! Además, los valores se pueden vivir independientemente de la acción que realices. Por tanto, siempre puedes ser aunque no tengas lo que deseas.

Una vez explicado esto, vayamos con los tres pasos de la metodología para que puedas manifestar tus metas y deseos con un enfoque mental correcto. Presta mucha atención a lo que te voy a contar porque cambiará tu vida.

El poder de la intención inicial en la consecución de metas

La intención es uno de los factores clave cuando estamos creando la visión de lo que deseamos. Si tomamos la definición del diccionario de la Real Academia, uno de sus significados es «determinación de la voluntad en orden a un fin». Dicho de otro modo, es una idea o pensamiento que se persigue con cierta acción y comportamiento, y lo que una persona piensa o se propone hacer. Esto mismo ya nos está marcando una senda que, según la intención que pongamos, nos enfocará hacia nuestras metas con una energía u otra.

Esta fuerza mental creadora es la chispa que enciende la llama de nuestras acciones, el porqué que hay detrás de cada paso que decidimos dar. Es aquí, en este momento vital, donde concebimos una meta, donde se establecerá la trayectoria de nuestro viaje hacia el éxito o el fracaso.

La intención inicial es una declaración poderosa de nuestras aspiraciones más profundas. No importa si se trata de un objetivo laboral, una meta personal o un deseo ardiente; la intención marcará las coordenadas del navegador mental para ir hacia lo programado.

Intención versus motivación

Esto nos lleva a la importancia de saber diferenciar de una forma más clara dos términos que en ocasiones confundimos y que tienen mucho peso en la creación de nuestras metas. Estoy hablando de la intención y la motivación. Aunque estas dos fuerzas tan poderosas suelen ir de la mano, debemos tener claro el significado de cada una.

¿Cuál sería entonces esa diferencia tan sutil entre ambos conceptos? Lo que las distingue principalmente es que la intención tiene un aspecto premeditado que no tiene la motivación, ya que es un pensamiento o idea que da lugar a la acción, tanto verbal como física. Además, la intención, al ser siempre mental, activa nuestra motivación, que es más corporal y está basada en la dopamina. Aquí te muestro un cuadro que manejo desde hace muchos años que incorpora conocimientos budistas y psicológicos con respecto a la intención y la motivación, y resume a la perfección estas diferencias.

Características	Intención	Motivación
Definición	La intención es un propósito o plan que guía la realización de una acción. Es un factor mental dirigido hacia un acto o resultado deseado.	La motivación es el impulso que lleva a una persona a actuar. Es una fuerza interna que impulsa la conducta hacia el logro de un objetivo.
Naturaleza	Mental, asociada con la planificación y el pensamiento consciente.	Emocional y fisiológica, relacionada con el deseo y la necesidad interna.
Activación	La intención activa la motivación al establecer una guía y un propósito para la acción.	La motivación pone en marcha la acción una vez que la intención ha establecido el objetivo.
Un ejemplo	Decidir cambiar de trabajo para mejorar tu situación financiera.	Necesitar más dinero para comprarte la casa que deseas.
Conciencia	Requiere un alto grado de autoconciencia y reflexión.	Puede ser consciente o inconsciente, a menudo impulsada por factores emocionales o necesidades básicas.

Características	Intención	Motivación
Resultado	Dirige la formación de metas y el enfoque hacia el futuro.	Crea la urgencia y el impulso para actuar en el presente.
Sostenibilidad	Las intenciones son sostenibles y pueden guiar comportamientos a largo plazo a través de la reevaluación y el ajuste continuo.	La motivación puede fluctuar y a menudo requiere estímulos externos o internos para mantenerse.
Dependencia	La intención puede existir sin motivación; uno puede tener una intención sin el impulso para actuar.	La motivación generalmente depende de una intención; necesitamos un porqué para sentir el «querer hacer».

La intención inicial marcará, sin duda, el inicio del movimiento creativo en el diseño mental de la visión del objetivo que deseamos conseguir, poniendo en funcionamiento la atención, mientras que la motivación se encargará de mantener la concentración y el enfoque día tras día en nuestra mente consciente para darle forma y llevarla a la realidad.

Para que se entienda bien este punto, te pongo un ejemplo que lo ilustrará claramente. Ponte en el caso de que no te encuentras a gusto en tu trabajo y un día decides buscar uno nuevo. En ese momento mental en el que tomas la decisión de comenzar a buscar un nuevo trabajo, hay una energía intencional que, dependiendo de la motivación que tengas, hará que pases antes a la acción de búsqueda activa o que solo se trate de un pensamiento de cambio, pero sin su reflejo en tus quehaceres diarios. Hagas o no hagas nada, la intención se ha dado.

El budismo tiene mucho que decir sobre este tema. Durante las enseñanzas que el maestro Zopa nos impartía en los retiros, siempre había un apartado específico sobre la intención. En las enseñanzas del Buda, la intención es reconocida como un factor mental fundamental que impulsa nuestras acciones. Según él, la intención, conocida en pali como «cetana», es la fuerza motivadora detrás de todas tus acciones físicas, verbales y mentales. Por ejemplo, cuando levantas un vaso, abres una puerta o saludas a alguien, hay una intención detrás. Incluso en gestos aparentemente inofensivos como rascarte la cabeza o cruzar las piernas, existe una intención. Quizá no seas consciente de ella, pero tu mente inconsciente la ha generado. Como se dice en el coaching ontológico, no hay ninguna palabra inocente. Absolutamente todas las palabras que salen por tu boca llevan consigo una intención.

Es la intención la que da forma al karma, la energía que surge de nuestras acciones y que luego afecta a nuestra experiencia futura, tanto en esta vida como en las posteriores. Por ello, el Buda nos insta a generar siempre intenciones positivas, intenciones que nazcan desde la abundancia y el amor para que ese karma sea favorable.

El Buda explicó que la calidad de nuestra intención mental —ya sea movida por la avidez, la aversión o la ignorancia, o por la generosidad, la bondad y la sabiduría interior— es lo que determina el resultado ético de nuestras acciones. La intención pura y consciente conduce a resultados positivos y al crecimiento espiritual, mientras que las malas intenciones o descuidadas pueden llevar al sufrimiento y a resultados negativos.

En los más de doce años que llevo entrenando mi mente con técnicas de enfoque mental para poder conseguir mis metas y objetivos, al crear la intención inicial, siempre hago mucho hincapié en centrarme en uno de los dos tipos de energía intencional que podemos poner a cada cosa que realizamos.

¿A qué energías me refiero? A las que el Buda nos ha explicado: la abundancia y la carencia. Ambas son tan importantes que serán las que marcarán el devenir de nuestra senda hacia el éxito o el fracaso. Como dice el dicho, no es lo que haces, sino la energía con la que lo haces.

La energía de abundancia solo se da en nosotros cuando somos capaces de salir de nuestra frecuencia emocional más baja basada en el miedo. La logramos cuando nos sentimos confiados y conectados a nosotros mismos y a la vida. Es una energía positiva, expansiva, que nos da verdadera felicidad y ganas de compartirla con los demás. Habitualmente la sentimos cuando vivimos momentos de gran felicidad con amigos y seres queridos, cuando tenemos una autoestima equilibrada, en conexión con la naturaleza, o cuando realizamos hobbies.

Por desgracia, esta sociedad y sus medios de comunicación se encargan de bombardearnos con todo tipo de noticias negativas que, al oírlas, nos conectan al miedo y la carencia, la antítesis de la abundancia y el amor. Por eso, recomiendo a mis alumnos que no vean la televisión y procuren relacionarse siempre que puedan con personas positivas y alegres.

Entonces ¿cómo podemos proyectar una intención inicial basada en la abundancia cuando creamos nuestra visión de la meta? Aunque parece algo evidente y tendría que darse por hecho, no es tan sencillo conseguir esa energía atencional positiva de forma consciente y —lo más importante si cabe— poder mantenerla en el tiempo.

Esto se debe a que normalmente, cuando diseñamos en la mente nuestra visión de los objetivos y la proyectamos en nuestra imaginación, es muy difícil que nuestra mente «realista» no tenga pensamientos limitantes tales como «¿seré capaz de conseguir mis objetivos?», «en la imaginación todo es posible, pero en la realidad no», o «¿cómo conseguiré los recursos que necesito para llevar a cabo mi meta?», y así un largo etcétera de pensamientos negativos o de baja frecuencia que consiguen, salvo que se tenga una mente clara y fuerte, transformar la energía inicial de abundancia en carencia.

La diferencia fundamental entre estos dos enfoques es que la carencia nos hace perseguir con desesperación lo que no tenemos, generándonos una cierta obsesión y presión por obtenerlo cuanto antes. Puedo dar fe de esto, así como de las consecuencias de este enfoque erróneo (te lo cuento en el próximo capítulo). Aquí viene lo realmente importante, porque, para tener una intención inicial de abundancia, no es necesario poseer lo que deseamos en el momento presente. Es crucial entender que lo que anhelamos puede ser algo real y material en un futuro no muy lejano. La paciencia se convierte en nuestra aliada, ya que todo lo que deseamos suele necesitar un proceso temporal para su materialización.

Así, hasta el hecho de desear comer algo no es instantáneo en su materialización, pues necesitamos obtener la comida de cualquier forma, ya sea de la nevera, la despensa, un restaurante o un supermercado, y eso llevará un determinado tiempo hasta que podamos degustar la comida en nuestro paladar. Otro ejemplo ilustrativo que viene al caso del anterior es cuando, estando en una excursión por el campo, tengo hambre y no puedo comer hasta que esta finalice. ¿Te pondrías a patalear y a llorar porque no trajiste comida o aguantarías hasta que llegases al final de la caminata, sabiendo que comerás en ese momento?

La pregunta que te hago ahora es la siguiente: si para conseguir muchas cosas que deseas eres capaz de tener paciencia, entonces ¿por qué no la tienes con otras metas y deseos, y tiras la toalla al poco tiempo de haber decidido ir a por ellos? La respuesta la tienes en los pensamientos comunes ya vistos en otro capítulo y el propósito final que veremos después del siguiente apartado.

Pasando a la práctica de la intención inicial

Después de comprender esta poderosa fuerza mental que da origen a nuestras acciones, viene el momento de ver cómo podemos pasar a la práctica con éxito.

Cuando comencé a trabajar con esta metodología, entendí por qué muchas de las cosas que deseaba de verdad acababan cumpliéndose cuando me enfocaba con fuerza. Supuse que mi trabajo diario desde los veintitrés años con las afirmaciones positivas me predisponía a estar más positivo en general. Si cultivas intenciones desde la abundancia a diario, te vuelves un imán de las cosas buenas de la vida. Irradias felicidad y otros la captan, y se sienten atraídos hacia ti. Manifiestas en tu día a día aquello que has sembrado en tu interior.

Un sencillo ejemplo para clarificarlo. Figúrate que tu coche sufre una gran avería y necesitas cambiarlo. Una intención desde la carencia sería: «Necesito otro coche ya, pero no tengo dinero; tendré que pedir un préstamo al banco y es posible que no me lo concedan». Con esta energía activarás el miedo y la escasez. En cambio, una intención desde la abundancia sería: «¡Qué buena oportunidad para conseguir un coche mejor! Sé que atraeré los recursos que necesito para lograrlo». De esta forma, impulsarás la posibilidad y la confianza en ti y en la vida.

Por tanto, lo más sencillo para tener siempre una intención inicial abundante es buscar lo positivo que puedes conseguir de aquello que deseas o de lo que la vida te ha puesto delante, te guste o no. Hay un dicho popular que refleja muy bien esto: al mal tiempo, buena cara.

El mayor problema con el que me encontré al trabajar la intención correctamente es que no era consciente de ella. No me paraba a reflexionar si lo que deseaba tener lo estaba generando con una mente de abundancia o de carencia. Por eso, el mejor consejo que puedo darte para que no te pase a ti es que te hagas la siguiente pregunta cuando vayas a definir tus metas: ¿por qué quiero conseguir esto? Después, deja que tu mente responda todos los porqués que se te ocurran, apúntalos en una hoja. Algunos estarán basados en la abundancia y otros en la carencia o rechazo de tu situación actual. Es importante que te centres en los que te conectan a la abundancia e ignores los negativos. Recuerda que aquello en lo que te enfocas crece y se materializa en tu vida. Deberás realizar este ejercicio con cada objetivo que desees conseguir, sobre todo si es importante para ti.

Otra forma de cultivar una intención basada en la abundancia es practicar la meditación de la calma mental poniendo la atención en la respiración. Este poderoso ejercicio te ayudará a aquietar tu mente y tener una mayor percepción del momento presente. De esta forma, cuando tengas que tomar una decisión o enfocarte en algo que deseas, te darás cuenta de tus sensaciones físicas y detectarás si lo quieres desde la abundancia o la carencia. Yo presto mucha atención a mi cuerpo cuando voy a enfocarme en algo que deseo; el cuerpo nunca te va a engañar, tu ego mental, en cambio, posiblemente hará lo que sea necesario para conseguir placer.

El rumbo claro hacia nuestras metas: el propósito final

Llegamos al segundo punto de este método, y es de vital importancia que esté alineado con la intención inicial.

El propósito final es la razón última, el «para qué» que guiará todas tus acciones para asegurarse de que cada paso que das te acerca más a la meta que deseas alcanzar. Implica tener muy claro el motivo profundo por el que quieres ese objetivo.

Ya hemos visto anteriormente que la intención inicial es el primer impulso mental, ya sea desde la abundancia o la carencia, que te moviliza hacia la acción. Pero durante todo el proceso es el propósito final lo que te enfocará mentalmente, lo que mantendrá, junto con la motivación, el rumbo para que acabes consiguiendo la meta que te has propuesto.

Cuando te propones alcanzar una meta o materializar un deseo, es muy importante que tengas en cuenta los valores que sostienen dicho objetivo. Tu propósito no es solo alcanzar un resultado; es un reflejo de quién eres y de lo que consideras importante en tu vida. Tus valores son los principios que te guían y te proporcionan la claridad necesaria para seguir adelante con confianza y convencimiento.

Te pongo un ejemplo. Imagina que quieres ascender en tu empresa. Más allá del aumento de sueldo o del prestigio que consigas, hay un propósito más profundo que está vinculado a tus valores personales. Puede que busques la excelencia, el liderazgo, el reconocimiento, la oportunidad de influir positivamente en tu entorno o la capacidad de innovar y aportar soluciones diferentes a tu empresa. Son estos valores los que le dan profundidad y significado a tu meta, y en los momentos de desafío, desmotivación o duda, te recuerdan por qué eliges continuar luchando por lo que deseas.

Piensa que el proceso de alcanzar un fin es también una expresión de tus valores personales. Cada paso que das hacia él es una oportunidad para vivir estos principios que te definen como persona. Si valoras la perseverancia, cada día que te mantienes en tu camino hacia tus metas es una victoria. Si la integridad es fundamental para ti, entonces cada decisión que tomes debe reflejar esa honestidad que te define.

Y aquí viene lo realmente importante: la congruencia entre tus valores y tu propósito es lo que te hace auténtico en tus acciones. Luchar por algo que está alineado con tus convicciones más profundas es el camino para convertirte en la mejor versión de ti mismo. Por eso, los objetivos que consigues con esta congruencia son mucho más que éxitos; se convierten en parte de tu identidad y en tu crecimiento personal.

Una meta que no esté alineada puede resultarte vacía incluso cuando la logras. Sin unos valores que la respalden, puede convertirse en una persecución superficial que, una vez alcanzada, te deje preguntándote: «¿Y ahora qué?». Estoy convencido de que esto que acabo de contarte lo has experimentado en alguna ocasión. Yo lo he vivido en multitud de ocasiones cuando conseguí la meta deseada. Cuántas de mis cabezonerías han llegado a convertirse en éxitos, pero vacíos e insustanciales... Mi falta de coherencia entre la intención inicial y el propósito final ha estado presente en muchas de mis metas.

En esencia, tus valores son la motivación para alcanzar tus metas y el propósito, lo que guía y enfoca el camino. Un camino que nunca es recto, sino bastante accidentado y lleno de obstáculos. Será entonces cuando posiblemente necesitemos desplegar nuestra fuerza de voluntad y compromiso a tope. De lo contrario, como a muchos les ocurre, terminaremos rindiéndonos ante el primer obstáculo, víctimas de la rutina diaria que nos aleja del objetivo que deseamos. Porque sin unos valores y un propósito firmes detrás, difícilmente mantendremos el rumbo.

Te pongo un ejemplo sencillo para que veas la importancia de ese propósito profundo. Imagina a dos amigos que deciden prepararse para correr una maratón. Ambos entrenan muy fuerte en el gimnasio, comen sano y salen a diario para ganar resistencia en la carrera. Uno de ellos abandona al mes, rendido por las agujetas y la pereza de todo el sacrificio que estaba haciendo. Sin embargo, el otro, después de entrenar mucho, llega con éxito al día de la carrera. ¿Qué diferencia hubo entre los dos? Sencillamente, que el segundo corredor mantenía en su mente el propósito, la razón última de ese esfuerzo tremendo. Quizá quería retarse a sí mismo y sentir que no tiene límites. O lo hizo por un bien mayor a él mismo, como por ejemplo por sus hijos, su familia, por una ONG… Ese «para qué» de su visión fue el apoyo que necesitó en los momentos de mayor cansancio para no rendirse.

La rutina diaria puede hipnotizarnos y conducirnos a abandonar cualquier objetivo propuesto por ambicioso que sea. Ahí es donde debemos redoblar el músculo de la constancia y, cada día, grabar a fuego en la mente inconsciente esa imagen del resultado anhelado, ese estado emocional que queremos experimentar. Integrándolo como una realidad ya conquistada que creará una nueva red neuronal basada en la aceptación y la abundancia.

Pensemos ahora en otra situación común: sueñas con montar algún día tu propio negocio. Inviertes meses desarrollando la idea, el plan de empresa, incluso trabajas muchas horas durante los fines de semana. Pero cuando llega el momento de dar el salto y lanzarte de lleno a esa aventura, acabas rindiéndote. ¿Qué ocurrió? Que apareció el miedo, la incertidumbre económica, la comodidad de la zona de confort... todos ellos factores que te desestabilizaron. Sin embargo, si tienes una visión muy fuerte por un propósito firme (ayudar a otros con tu producto o servicio, ser tu propio jefe, generar riqueza para la sociedad...), soportarás lo que sea necesario para continuar.

Hay que recordar que, entre el momento en el que deseas conseguir un objetivo y el que lo consigues, hay todo un proceso temporal hasta su potencial materialización. La vida funciona de esta manera; no es instantáneo, lleva un recorrido.

Con esa certidumbre interior del logro, los valores y el propósito último que sustentan el objetivo se convertirán en tu brújula en cualquier circunstancia, recordándote la razón profunda de tu viaje y permitiéndote recalcular la ruta cuando sea necesario. Pero siempre con la vista puesta en la cima y el corazón vibrando en la misma frecuencia que nuestra visión.

La coherencia entre una intención inicial basada en la abundancia y el propósito final es lo que mantiene el enfoque correcto hacia tus metas. Si comienzas desde la carencia, ese rumbo se torcerá y tus metas se desvanecerán. Pero cuando estás en la abundancia, incluso los desafíos se convierten en pasos hacia tu crecimiento. Aquí es donde se hace imprescindible enfocarte a diario en esas metas que has diseñado y quieres conseguir. Conectarte cada día con el propósito final de esos objetivos y sus valores será la forma más rápida y eficaz para recargar la motivación e ilusión cuando vayan bajando a lo largo de cada jornada. Tus pensamientos comunes, tus hábitos diarios, el entorno... todo confabula para que te olvides de tus metas y continúes en piloto automático. La clave está en concebir cualquier objetivo con total naturalidad y certeza, como cuando das por hecho que puedes adquirir una botella de agua o un café. Esa fe es la semilla de cualquier realidad futura.

Estableciendo el propósito final a cada objetivo que deseas

Como ya te he contado, al propósito final le sigue la intención inicial. Por lo tanto, cuando defines un objetivo, primero debes escribir el «porqué» o la intención inicial desde la abundancia y luego el propósito final o el «para qué». A continuación, en una hoja o cuaderno escribirás todos los valores que vas a experimentar cuando lo hayas alcanzado. Para ello siempre es bueno visualizarte con el objetivo cumplido, pero no justo en el momento del logro, sino más bien unas semanas después, para que el subidón inicial haya bajado y queden los valores que estás experimentando gracias a tu éxito.

Para que tu propósito siga firme en el tiempo, tendrás que ser constante y experimentar emocionalmente cada día los valores que escribiste en tu cuaderno, como si ya hubieses conseguido el objetivo, aunque aún no lo hayas conseguido. Para que te resulte más fácil entender esto, vuelvo al ejemplo que te puse al principio de este capítulo con la persona que quiere tener dinero para sentirse más segura. La seguridad es un valor que puedo experimentar en cualquier momento del día aunque mi dinero siga siendo el mismo. Si soy capaz de mantener ese valor alto, independientemente de que no he conseguido aún mi objetivo, entonces no sufriré tanto por no tener el dinero que deseo ya que me siento seguro aunque no lo tenga. Estos valores serán los que te sustenten cuando todo se ponga en tu contra y veas casi imposible conseguir lo que te has propuesto.

Además, este poderoso ejercicio de escritura ayudará a crear y pintar la imagen de tu objetivo conseguido, tal y como te explicaré en el capítulo sobre la imaginación.

Encuentra tu propósito de vida o *ikigai*

Aunque cada deseo, objetivo y meta tiene su propósito final, cuando hablamos del propósito de vida o *ikigai*, estamos escalando a lo más alto de nuestro ser. Es esa fuerza interna que te da la razón y la emoción para levantarte cada mañana, tu contribución única al mundo que no solo te satisface personalmente, sino que también beneficia a otros.

En estos últimos años se ha popularizado la palabra japonesa *ikigai*, que es un término que se refiere de igual manera a la razón de ser o el propósito de vida de una persona. La palabra *ikigai* se compone de *iki*, que significa «vida», y *gai*, que se traduce como «valor» o «valía». Este concepto es toda una filosofía de vida que busca encontrar la felicidad y la satisfacción a través del equilibrio y la armonía entre diferentes aspectos de la existencia.

Según el concepto de *ikigai*, cada persona tiene su propia «razón de ser» que se encuentra en la intersección de cuatro elementos fundamentales:

- **Lo que amas (tu pasión):** Aquello que te apasiona hacer, lo que disfrutas y te llena de energía.
- **Lo que el mundo necesita (tu misión):** Aquello que puedes ofrecer de valor al mundo.

- **Lo que puedes hacer y ser pagado por ello (tu profesión):** Aquello en lo que eres profesionalmente bueno y de lo que, además, puedes vivir.
- **Lo que eres bueno haciendo (tu vocación):** Tus habilidades y talentos naturales, aquello que se te da bien y en lo que te sientes competente.

La búsqueda del *ikigai* implica un proceso de introspección y autoconocimiento, en el cual exploras estas cuatro áreas para descubrir tu propósito único en la vida. El *ikigai* no es algo estático; puede cambiar y evolucionar con el tiempo a medida que creces y experimentas diferentes aspectos de la vida. Hay mucha información en internet por si deseas saber más, aunque básicamente tienes que responder los cuatro puntos fundamentales y luego, entre ellos, sacar tu «para qué». Yo te recomiendo encarecidamente que hagas este ejercicio porque te ayudará a la hora de definir tus metas.

Yo encontré mi propósito de vida o *ikigai* cuando descubrí el coaching en el año 2007. No hay nada más gratificante que poder trabajar en lo que realmente mueve tu ser. En mi caso, ayudarme a mí mismo y a los demás entrenando la mente se ha convertido en mi forma de vivir. Siento que he encontrado la coherencia interior que hace que me levante todos los días contento y agradecido. Así llevo dieciséis años y no le veo fin: la jubilación no entra en mis pensamientos mientras pueda tener la mente y el cerebro activos, y seguiré al pie del cañón entrenando a mis clientes hasta que abandone este mundo. Recuerda que tú también tienes un propósito por el que estás aquí, esperando a ser descubierto si aún no lo has hecho. ¡No pierdas más tiempo y ponte a ello, porque la vida son dos días!

La fuerza de voluntad: el poder de perseverar en nuestro camino hacia la meta

Vayamos ahora con el tercer poder mental de esta metodología para alcanzar cualquier meta, objetivo o deseo que nos propongamos. Repasemos brevemente el camino que hemos recorrido hasta el momento: el primer paso fue la intención inicial, que marca el origen de nuestro impulso, ya sea desde la abundancia o la carencia; luego, abordamos el segundo paso, el propósito final, que nos da el enfoque y sostiene nuestros valores más profundos, manteniéndonos concentrados en nuestro camino día a día. Si perdemos de vista este propósito, nos desviaremos y alejaremos de nuestro destino deseado.

Y aquí nos encontramos con el último bastión de este proceso: la fuerza de voluntad. La voluntad es ese elemento crucial que cierra el triángulo de nuestra capacidad para materializar nuestros deseos y mantenernos enfocados en lo que anhelamos. Es, en esencia, la perseverancia a lo largo del tiempo, la tenacidad que nos permite estar presentes y comprometidos con nuestro desarrollo y crecimiento continuos. La voluntad es la capacidad de los seres humanos de actuar de manera intencionada; esa fuerza constante que necesitamos para entrenar incansablemente nuestro enfoque y nuestra determinación hacia las metas que anhelamos.

Sin voluntad, nuestras buenas intenciones se diluyen en el mar de las procrastinaciones y «mañanas» que nunca llegan. Por eso, tener alineados la voluntad con la intención inicial y el propósito final es crucial para mantener la coherencia y la convicción en nuestro interior. Para que puedas aplicar esa voluntad mirando a largo plazo, necesitas saber que, pase lo que pase y tardes lo que tardes, alcanzarás tus metas porque están en consonancia con lo que verdaderamente valoras y deseas.

No obstante, es inevitable toparnos con resistencias en el camino. En nuestro cerebro, la voluntad se gestiona en el lóbulo frontal, específicamente en la corteza prefrontal dorsolateral, donde tomamos decisiones conscientes, según un estudio publicado en el año 2009 titulado «Self-control in decision-making involves modulation of the vmPFC valuation system».[1] Aquí radica una batalla entre las recompensas inmediatas y las recompensas a largo plazo, entre la tentación del chocolate delicioso y la manzana saludable. La ciencia ha demostrado que ejercer la voluntad consume mucha energía, mucha glucosa, lo que nuestro cerebro primitivo intenta evitar a toda costa. Por tanto, si no tenemos claros nuestros «para qués» ni tampoco una intención inicial robusta, mantener la voluntad día tras día se hará cuesta arriba.

Newton y su tercera ley

¿Conoces la tercera ley de Newton? Te seré sincero, yo no la conocía hasta que comencé a enfocarme aplicando esta metodología, aunque sí que me era familiar la ley de acción-reacción.

La tercera ley de Newton establece que «a toda acción le corresponde una reacción igual y contraria», o lo que es lo mismo: cuando un cuerpo ejerce una fuerza sobre otro, el segundo cuerpo ejercerá sobre el primero una fuerza igual pero en dirección opuesta. Por ejemplo, cuando caminas, tu pie ejerce una fuerza hacia la superficie en la que te halles, y esta ejerce una fuerza igual hacia arriba, hacia tu pie. De este modo puedes impulsarte hacia delante sin hundirte en el suelo. Las dos fuerzas se contrarrestan entre sí. Otro ejemplo muy evidente se da cuando abres una puerta con mucha fuerza y esta rebota, volviendo a ti con la misma fuerza con que la empujaste.

Aquí es donde entra la tercera ley de Newton, la acción y reacción, y su aplicación en nuestro proceso de voluntad. Es una danza delicada de fuerzas que debemos aprender a manejar. Si avanzamos hacia nuestros objetivos con demasiada intensidad inicial, la ley de Newton nos advertirá que enfrentaremos una fuerza igual de potente en dirección contraria. En este punto radica la importancia de avanzar con pasos medidos, conscientes y alineados con nuestro propósito. La voluntad no es solo mantener el curso; es también la sabiduría de progresar de manera sostenida y equilibrada hacia nuestras metas.

Te daré un ejemplo sencillo para ilustrarlo mejor. Regresas de las vacaciones de verano decidido y entusiasmado por empezar a hacer deporte. Te apuntas en un gimnasio que, por coincidencia, ofrece un descuento anual muy atractivo, y te animas a inscribirte después de semanas imaginándote yendo al gimnasio todos los días. Empiezas con mucha motivación y la primera semana vas al gimnasio cuatro días, la segunda semana también, pero en la tercera ya solo puedes ir dos días y en la cuarta, solo una vez. Te repites constantemente que debes ir al gimnasio a diario, pero la realidad es que en la sexta semana ya no vas ni una sola vez; siempre surge una excusa o algo que parece más importante que ejercitarte. ¿Qué ha ocurrido? Si consideramos la tercera ley de Newton, la fuerza del retroceso es tan intensa como el deseo inicial de ir al gimnasio. Entonces ¿qué deberíamos hacer? Lo más importante antes de comenzar a actuar es tener muy claro cuál es la intención inicial y el propósito final. Comienza de manera suave y con pasos pequeños. No hay que apresurarse; si empiezas con una intensidad moderada, la reacción o el retroceso será igualmente moderado, y esto te permitirá mantener la motivación y seguir progresando poco a poco.

Aquí está la clave para tener la voluntad suficiente y no abandonar tu objetivo: no tener prisa e ir avanzando cada día un poco más enfocándote a diario en la intención y el propósito de cada uno de tus objetivos. Celebra cada día que estés viviendo el resultado del logro de tu deseo, aunque no lo tengas materialmente, y siéntete muy afortunado y abundante. Tranquilo, que tu mente cuántica hace milagros a diario y no tardarás mucho en comenzar a ver señales de que la energía se mueve hacia tu objetivo.

Lista de los cincuenta objetivos, metas y deseos

No hay cosa más potente para reforzar tu fe en ti que poder ir tachando de una lista de objetivos pendientes los que vas consiguiendo. Tu poder se fortalece cada vez que consigues una de tus metas y lo celebras. Desde que aprendí este ejercicio en 2011 no he dejado de hacerlo, y te aseguro que es increíble la cantidad de objetivos que puedes llegar a conseguir. Lo más curioso es que acabarás olvidándote de que, en algún momento del pasado, escribiste algunos de ellos en tu lista. Lo bueno es que solo necesitas un cuaderno, un bolígrafo y al menos cincuenta objetivos, metas y deseos para apuntarlos.

Partimos de la base de que las personas queremos conseguir todo tipo de metas y objetivos basados en el deseo y la felicidad potencial que obtendremos cuando los consigamos. La creación de una lista de, al menos, cincuenta objetivos, metas y deseos, como punto de partida, es un ejercicio poderoso que sirve como un mapa personal hacia el futuro que deseas construir basado en lo que quieres de la vida. Cada elemento de la lista que escribes en tiempo presente, y como si ya lo tuvieses, es una declaración de intenciones en un momento dado, un paso proyectado hacia delante en tu viaje de vida. Y al igual que esta, la lista siempre está viva, pues irás tachando en ella el logro conseguido y escribirás nuevos deseos y metas que irán surgiendo en tu mente cada día o semana. En esta lista todo tiene cabida, desde el deseo más pequeño hasta el que te puede llevar una vida conseguirlo, aunque les aplicarás por escrito la metodología que te he enseñado en este capítulo solo a los importantes.

Por ejemplo, en esta lista tendrán cabida deseos tan dispares como tener dos camisas nuevas y comprarte la casa de tus sueños. Como entenderás, no tiene sentido aplicar por escrito la metodología de la intención inicial y el propósito final a la compra de una o dos camisas, ya que en tu mente no hay ninguna resistencia para adquirirlas y das por hecho que las acabarás comprando en cualquier momento.

Veamos de forma detallada cómo este ejercicio también se relaciona con el fortalecimiento de la fe y confianza en que todo es posible.

- **Visualiza con claridad:** El simple acto de escribir tus deseos y objetivos en tu cuaderno te obliga a aclarar y visualizar lo que realmente quieres. Este proceso, en sí mismo, ya es un acto de fe. Estás invirtiendo tiempo y energía en un futuro que aún no existe, afirmando, en primera persona y en presente, tu creencia en tu capacidad para influir en tu propio destino. Por ejemplo, si deseas tener un trabajo mejor pagado y con más flexibilidad, escribirías en tu lista «yo tengo un trabajo muy flexible en el que gano más de x euros mensuales».

- **Comprométete y pasa a la acción:** Es importante que todos los días, o al menos una vez a la semana, leas tu lista en voz alta o en silencio sintiendo cada objetivo como si ya estuviese cumplido. Al comprometerte con cada uno de esos objetivos, estás dando un paso hacia la materialización de esos deseos. Cada objetivo que escribes refuerza tu compromiso de hacerlos realidad y la intención inicial y propósito final te ayudan a no perder el foco. Esto es fundamental para la fe, que crece y se fortalece a través de la acción y la evidencia de los resultados conseguidos. Es la dopamina que necesitas para avanzar día a día hacia ellos.

- **Celebra los logros:** Cuando tachas un objetivo de tu lista, estás celebrando un logro. Esto tiene un impacto en tu mente muy importante porque te proporciona una prueba tangible de tu eficacia y poder mental. La consecución de metas alimenta tu autoconfianza, lo que a su vez refuerza la fe en ti mismo y en tu capacidad para alcanzar las metas futuras.

- **Refuerzo positivo:** Cada vez que marcas un logro, estás entrenando tu cerebro para asociar tus esfuerzos con el éxito, lo que sí o sí mejora tu estado de ánimo y motivación. Este refuerzo positivo actúa como un motor que te impulsa hacia delante, aumentando tu fe en que puedes conseguir más cosas. Es esencial que tu energía sea tranquila y alegre, evitando el exceso de euforia.

- **Ten fe en el proceso:** A medida que avanzas en tu lista y ves como algunos objetivos se hacen realidad, empiezas a tener fe en el proceso de establecimiento de metas en sí mismo. Aprendes que, si bien no todos los objetivos se alcanzan de inmediato o exactamente como se planificaron, hay un poder inherente en el acto de tener la certeza de que llegarán de una manera o de otra. Aquí es muy importante no estar pendiente ni en cómo ni en cuándo llegarán. Si haces el trabajo de forma correcta, todo llegará en el mejor momento para ti y tu entorno.

- **Entrena tu resiliencia:** Inevitablemente, habrá algunos deseos y objetivos que serán más difíciles de alcanzar que otros.

Aquí es donde tu fe se pone a prueba y se fortalece. Aprende a soltar el resultado y seguir adelante, incluso cuando las cosas no salen según lo planeado.

- **Conéctate con un propósito mayor:** Finalmente, a medida que trabajas en tu lista y esta va creciendo, tanto en logros conseguidos como en nuevos deseos, puedes empezar a ver patrones y temas que reflejan tus valores más profundos y propósitos en la vida. Aunque en esta lista hay todo tipo de objetivos y deseos, materiales e inmateriales, esto te revelará una dirección más amplia que va más allá de los logros individuales, fortaleciendo tu fe en un camino de vida coherente, enfocado y con sentido.

Así que, ya sabes, si no lo tienes aún, coge un cuaderno y comienza a escribir por lo menos cincuenta objetivos, metas y deseos. Conserva siempre este cuaderno, porque será testigo fiel de todas tus materializaciones conseguidas con el paso de los años, y llévalo siempre a tu lado, ya que, mientras estés vivo, siempre desearás obtener de la vida lo que consideras necesario para vivir en abundancia y eso tienes que apuntarlo.

En el próximo capítulo, exploraremos cómo llevar estos conceptos a la práctica diaria, cómo convertir la intención, el propósito y la voluntad en acciones reales que te transportarán del punto A al punto B de tus aspiraciones. Hasta entonces, recuerda que cada pequeño esfuerzo suma, cada día cuenta, y cada paso te acerca a tus metas.

8

DESPERTANDO EL PODER DE TU IMAGINACIÓN

> Todo lo que una persona puede imaginar,
> otros pueden hacerlo realidad.
>
> JULIO VERNE

Dentro de nosotros reside una herramienta formidable, a menudo dormida, a la espera de ser despertada para desplegar su vasto potencial. Hablo, por supuesto, de la imaginación.

Recordemos las palabras de Albert Einstein, ese físico de renombre que, en sus citas, parecía más filósofo que científico: «En tiempos de crisis, la imaginación es más esencial que el conocimiento». ¿Por qué? Porque el conocimiento nos dice lo que es, pero la imaginación nos propone lo que podría ser. Sin ella, los problemas permanecerían sin resolver, encerrados en la caja de lo convencional.

La imaginación es la musa de los innovadores, la chispa que hay detrás de los grandes avances de la humanidad. Todo lo que conocemos, desde nuestra ropa hasta la tecnología que facilita nuestra vida diaria, primero fue imaginado y luego creado. Es ahí donde radica su poder indiscutible.

Según la Wikipedia, «La imaginación es un proceso psicológico superior que permite al individuo manipular información generada intrínsecamente con el fin de crear una representación percibida por los sentidos de la mente», y también «la capacidad o facilidad para concebir ideas, proyectos o creaciones innovadoras». Lo cual nos indica el gran poder e importancia que tiene en la formación de la visión de nuestras metas a las que queremos dar forma y llevar a la realidad. Sin imaginación, no hay visión ni objetivos que lograr.

El desarrollo de esta habilidad natural que tiene el ser humano para crear ideas a partir de la imaginación se hace imprescindible si lo que deseamos es desarrollar nuestra genialidad y tener un cerebro creativo que no esté limitado por el cerebro racional y crítico.

Esto, desde mi punto de vista, es algo que hay que tener muy en cuenta porque, en los años que llevo enseñando técnicas de enfoque mental, lo que más limita a las personas con las que he trabajado es la poca imaginación que proyectan cuando quieren crear una meta. La limitación la tienen mayoritariamente en que no sueñan lo que quieren.

¿Recuerdas la última vez que creaste algo genuinamente original? Algo que rompió moldes, que fue más allá de una simple variación de lo cotidiano. Tal vez resolviste un problema en el trabajo con una solución inédita o le diste un giro a una receta de cocina tradicional. La originalidad no requiere grandes invenciones; reside en esos pequeños actos creativos que nos diferencian y nos hacen únicos.

Desde la infancia, somos la encarnación de la creatividad; la imaginación era nuestro juego predilecto. Quién no recuerda las grandes historias y batallas épicas que librábamos dentro de nuestra mente infantil. Ahora, cuando veo a mis hijos de cuatro y seis años jugar, me recuerdan esos momentos tan mágicos. Recuerdo cómo en aquellos años me escapaba a mi mundo imaginario de batallas espaciales o de pócimas secretas. La imaginación formaba parte de mí como si de otra extensión del cuerpo se tratase.

Pero, con el paso del tiempo, esa chispa de innovación y creatividad parece apagarse bajo la presión de «ser adultos». En un mundo donde las ondas cerebrales tienden más hacia el análisis frío y rígido de las ondas beta, la imaginación queda relegada a un segundo plano. Por desgracia, nos hemos convertido en consumidores de ideas ajenas, y hemos dejado que los deseos inducidos por la publicidad moldeen nuestras aspiraciones. El acto de comprar es ahora un sustituto pobre de nuestra creación imaginativa. ¿Alguna vez te has ilusionado mucho por algún objeto material que has deseado? Por ejemplo, nos ilusionamos con el último modelo de teléfono, pero esa euforia es efímera. ¿Por qué? Porque no hemos participado en su creación, solo lo hemos comprado con un dinero que tampoco hemos inventado. En cambio, la verdadera felicidad surge cuando somos nosotros quienes moldeamos nuestra realidad con nuestras ideas, como los artistas de nuestra vida.

La publicidad y el marketing conocen muy bien el juego de la imaginación y la usan para su propio beneficio. Nos inundan con imágenes y mensajes diseñados para penetrar en nuestro subconsciente, incitándonos a actuar sin cuestionar nada. Parece de risa que la protección de nuestros datos personales esté muy regulada, pero ¿qué hay de la protección de nuestra mente cuando nos invaden en cada esquina con marquesinas electrónicas que proyectan anuncios cada tres o cuatro segundos mientras caminamos por la calle? Sin darnos cuenta, están manipulando —o más bien programando— nuestra mente subconsciente para que seamos consumidores fieles y obedientes a esas marcas. Es increíble que nadie se queje de esto.

En nuestro día a día, la imaginación suele estar encadenada a lo mundano, limitada por las preocupaciones y el estrés. Para desatar su verdadero poder, debemos liberarnos de estas ataduras y soñar en ondas alfa, el estado mental en el cual la creatividad fluye libremente. El desafío es encontrar momentos de tranquilidad en el bullicio de la vida cotidiana. La meditación, pasear y otras prácticas de relajación son excelentes herramientas para adentrarnos en las ondas alfa (te recuerdo que tienes varios ejercicios en el capítulo de las ondas). Este estado de relajación no solo calma la mente, sino que también abre las puertas a la creatividad y la imaginación.

En mi caso, y después de dieciséis retiros de meditación Vipassana con mi maestro Zopa, más de ciento diez días, he podido observar cómo mi creatividad e imaginación se disparan en esas jornadas en las que solo se medita y se practica el silencio. Estos retiros son para mí como una incubadora de nuevas ideas que nacen desde una mente tranquila y abierta a todo. Muchas de esas ideas terminan implementándose en mi vida profesional y personal.

El mayor enemigo de la imaginación y la creatividad al que nos enfrentamos es, sin duda, nuestra mente más racional y crítica. Si bien es cierto que la mente analítica también está implicada en la creatividad cuando monta los elementos creativos y les da forma y coherencia para analizarlos y poderlos llevar a la práctica, un exceso de mente crítica puede provocarnos un bloqueo de la creatividad.

La mente racional, al buscar siempre la lógica y la coherencia, puede actuar como un filtro restrictivo que impida que las ideas más innovadoras y atrevidas tomen vuelo. Para superar este obstáculo, es fundamental aprender a equilibrar la lógica con la libertad creativa. Esto se logra permitiendo que la mente divague, que explore sin el rigor del juicio constante.

Una forma efectiva de fomentar esta libertad creativa es a través de ejercicios de pensamiento divergente, en que se busca generar tantas ideas como sea posible sin preocuparse por su viabilidad inmediata. Esto puede hacerse mediante el *brainstorming* o tormenta de ideas, dibujando, con escritura creativa o mediante cualquier actividad que permita a la mente explorar sin restricciones.

Otra técnica útil que me gusta mucho es el juego de «¿qué pasaría si...?», en el que me planteo escenarios hipotéticos y reflexiono sobre ellos. Este ejercicio de coaching, que también utilizo habitualmente con mis clientes, abre un campo de posibilidades ilimitadas, animando a la mente a pensar más allá de las limitaciones habituales.

Es importante recordar que la imaginación y la creatividad se aplican en todos los aspectos de la vida, desde la resolución de problemas cotidianos hasta la innovación en ciencia y tecnología. Cada avance significativo en la historia de la humanidad ha comenzado con una idea, con una chispa de imaginación.

Para alimentar nuestra imaginación, es vital nutrirnos de una amplia gama de experiencias y conocimientos. La lectura, el arte, los viajes e incluso las conversaciones con personas de distintos ámbitos son maneras de enriquecer nuestra visión del mundo y, por ende, nuestra capacidad para imaginar.

En la práctica diaria, es útil crear un espacio y un tiempo dedicado exclusivamente a la imaginación. Esto puede implicar un rincón tranquilo en casa o unos minutos al día en los que se permita a la mente vagar con libertad, sin las ataduras de las tareas y responsabilidades diarias. En mi caso, el pequeño despacho que tengo en mi casa cumple esta función. Además del trabajo que realizo allí, hago mis meditaciones, escucho música y miro por la ventana que tengo enfrente, y dejo la mente libre de ataduras.

Otro punto fundamental es cultivar la confianza en uno mismo y en nuestras propias ideas. La duda y la inseguridad son barreras que a menudo nos impiden explorar nuestro potencial creativo con plenitud. El miedo nos bloquea y no nos deja experimentar cosas nuevas. Al reconocer y valorar nuestras propias ideas, sin importar cuán descabelladas puedan parecer al principio, damos el primer paso hacia la realización de nuestra imaginación que potencialmente acabará cristalizando como algo nuevo que deseamos incorporar a nuestra vida.

Cuando damos permiso a la imaginación para que diseñe en nuestra mente la visión de lo que deseamos alcanzar, detallada y libre de las barreras de la mente analítica, empieza a crear las conexiones neuronales que nos dirigen hacia dicho fin. En un estado de tranquilidad, pero también de alerta, nuestro cerebro se convierte en un vivero para las ideas geniales y creativas necesarias para lograr nuestro objetivo. Es crucial que, mediante el entrenamiento mental constante, logremos que nuestro cerebro racional y crítico se acostumbre a esta visión, y que la vea como algo habitual. Así, nuestros pensamientos, emociones y acciones inconscientes se alinearán gradualmente con esta visión, impulsando su ejecución.

La neurociencia de la imaginación

En términos neurocientíficos, cuando imaginamos, activamos varias áreas del cerebro, incluyendo el córtex prefrontal, asociado con la planificación compleja y la toma de decisiones, y la corteza motora, que se prepara para la acción. Esto significa que, al imaginar, estamos activando las mismas regiones del cerebro que usamos para hacer realidad nuestras metas.

Además, la práctica de la imaginación consciente puede aumentar la producción de neuroquímicos como la dopamina, que no solo nos hace sentir bien, sino que también incrementa nuestra motivación y predisposición para la acción. Es un ciclo virtuoso: cuanto más nos enfocamos en nuestros objetivos a través de la imaginación, más química cerebral positiva generamos, y más energía y motivación tenemos para actuar. Por lo tanto, si queremos entrenar nuestra mente para el éxito, debemos empezar por ejercitar nuestra imaginación.

Nuestro encéfalo se divide en dos hemisferios con especializaciones propias, aunque la neurociencia ha demostrado que la colaboración entre ellos es esencial. El hemisferio izquierdo se asocia con la lógica, el lenguaje y el análisis; el derecho, en cambio, con lo holístico, lo artístico y la imaginación. Ambos hemisferios trabajan en consonancia para permitirnos razonar e imaginar simultáneamente.

En un estudio de 2017, «Robust prediction of individual creative ability from brain functional connectivity»,[1] capitaneado por el científico Roger Beaty, se pudo ver que en el proceso creativo se activan múltiples áreas del cerebro, no solo el hemisferio derecho. Se encienden hasta once zonas distintas y se activan varias redes neuronales, cada una con funciones específicas:

1. **Red neuronal por defecto (RND):** Esta red se activa cuando no estamos enfocados en el mundo exterior y nos hallamos involucrados en pensamientos internos, como la reflexión, la introspección o la imaginación. Se asocia comúnmente con el soñar despierto y la generación de ideas nuevas y creativas. La RND es fundamental para la creatividad porque permite que la mente va-

gue y explore posibilidades internas, generando ideas innovadoras y soluciones únicas a problemas.

2. **Red de relevancia (salience, en inglés):** Su función principal es detectar y filtrar información sensorial y emocionalmente relevante. Actúa como una especie de sistema de alarma, al dirigir nuestra atención hacia estímulos importantes y ayudar a priorizar nuestras respuestas y acciones. En el contexto de la creatividad, esta red permite discernir qué ideas o pensamientos son más relevantes o valiosos, lo que hace que los más destacados emerjan sobre los demás.

3. **Red de atención ejecutiva:** Está asociada con la planificación, la toma de decisiones, la resolución de problemas y el control de impulsos. Es crucial para el pensamiento crítico y analítico. En procesos creativos, la red ejecutiva ayuda a estructurar y desarrollar ideas, convirtiéndolas en algo coherente y aplicable. Trabaja en conjunto con la RND para refinar y evaluar las ideas generadas, garantizando que sean prácticas y estén bien fundamentadas.

La interacción entre estas redes es clave para la creatividad. Mientras la RND genera ideas, la red de relevancia filtra y destaca las más importantes, y la red de atención ejecutiva ayuda a desarrollarlas y aplicarlas de manera efectiva. La capacidad de una persona para utilizar alternativamente estas redes de manera fluida y eficiente es lo que potencia su inspiración e imaginación.

Quiero puntualizar algo: la base de la imaginación es la RND. Si no dedicas tiempo a «no hacer nada» y a «aburrirte», no facilitarás el desarrollo de los pensamientos e ideas creativas. Asimismo, estar demasiado en esta red puede volverse contraproducente, por divagar en exceso y provocarnos estados de ansiedad o depresivos. Es importante entrenar la mente para alcanzar el equilibrio que nos permita utilizar de forma correcta esta poderosa red neuronal para diseñar nuestros objetivos.

La imaginación y la memoria están relacionadas, ya que, para simular nuevos escenarios factibles, siempre se ha pensado que la imaginación necesita utilizar los recursos que tiene la memoria. En el año 2014 se realizó un estudio neurocientífico en la Universidad de Brigham Young llamado «Remembering and imagining differentially engage the hippocampus: a multivariate fMRI investigation».[2] Se hicieron investigaciones para saber qué partes del cerebro se activan cuando imaginamos algo y si son las mismas que la memoria. Así, se pudo comprobar que, si bien los dos procesos se originan en áreas cercanas al cerebro profundo, hay diferencias en el hipocampo, estructura del cerebro límbico vinculada con la memoria, de forma que se activan diferentes partes del mismo, según imaginación y memoria.

Además de todo esto, y como te comenté en el capítulo de las ondas cerebrales, también se ha podido comprobar que los llamados «momentos eureka» o ideas geniales y repentinas que nos permiten obtener la solución de forma inconsciente y espontánea a un problema se dan más a menudo después de tener la red neuronal por defecto activa, cuando el cerebro pasa de una frecuencia de ondas alfa (ondas de una frecuencia menor asociadas a momentos de relajación) a otra de ondas gamma, que son las de más alta frecuencia y de más actividad cerebral.

De algún modo, podríamos decir que, cuando utilizamos a pleno rendimiento nuestro cerebro, nos volvemos más geniales. A esta situación ideal también se puede llegar a través de un proceso más paulatino y consciente que se define como pensamiento analítico, y en el cual se evalúan de forma gradual las múltiples opciones y posibilidades que se pueden dar para encontrar la solución al problema.

Una mente creativa generará el desarrollo de un tipo de pensamiento llamado divergente o lateral, que nos dará la posibilidad de salir de nuestras creencias y modelos más habituales en nuestra forma de pensar, y crear en nuestra mente el terreno necesario para la gestación de la visión que queremos conseguir.

La imaginación es, en esencia, un acto de creación que se origina en la mente, pero tiene el potencial de manifestarse en el mundo tangible. Recientemente la neurociencia ha descubierto cómo las visiones de nuestra mente pueden, de hecho, dar forma a nuestro cerebro y, en consecuencia, a nuestra realidad.

Pero vayamos más allá de la anécdota y adentrémonos en la ciencia. Un estudio clave en este campo fue liderado en 1995 por el Dr. Álvaro Pascual-Leone, un neurólogo de la Escuela de Medicina de Harvard, titulado «Modulation of muscle responses evoked by transcranial magnetic stimulation during the acquisition of new fine motor skills».[3] El experimento involucró a dos grupos de voluntarios no músicos. El primer grupo practicó una secuencia de movimientos de piano de cinco dedos dos horas al día durante cinco jornadas. El segundo grupo simplemente imaginó que practicaba idénticos movimientos durante el mismo tiempo, sin llegar a mover los dedos. Antes y después de ambos ejercicios, los investigadores utilizaron estimulación magnética transcraneal (TMS) para mapear las regiones motoras de la corteza cerebral asociadas con el control de los dedos. Descubrieron que el grupo que físicamente sí tocó el piano mostró un aumento del 30 % en el tamaño del área cerebral que controla el movimiento de esos dedos. Por increíble que parezca, las personas que solo se imaginaron tocar el piano ¡también manifestaron cambios similares de expansión del 22 %! Esto sugiere que la práctica mental puede fortalecer las redes neuronales de la misma manera que la práctica física. ¿No te parece fascinante?

Este fenómeno se debe a una cualidad maravillosa que tiene el cerebro, conocida como neuroplasticidad, que es la capacidad mental para cambiar y adaptarse como resultado de la experiencia. La imaginación activa y repetida actúa como una experiencia para el cerebro, alterando su estructura y funcionamiento. ¡Por suerte, nuestra imaginación no tiene límites y nuestro cerebro tampoco!

Estamos viendo cómo la percepción y la imaginación utilizan mecanismos neuronales similares. Al imaginar, por ejemplo, estar en una playa, nuestro cerebro es capaz de reproducir sensaciones tan vívidas que casi podemos sentir la brisa marina y el calor del sol en nuestra piel. Este fenómeno subraya la fuerza de la imaginación y cómo, a través de ella, podemos experimentar situaciones con una intensidad casi tangible.

Un estudio de 2023, «Subjective signal strength distinguishes reality from imagination»,[4] va más allá y, desde mi punto de vista, nos da la pista definitiva para conocer el máximo potencial que tiene el poder de la imaginación. Esta investigación se centró en cómo las señales imaginadas y percibidas interactúan para determinar los juicios sobre la realidad. Utilizando una combinación de psicofísica a gran escala, modelado computacional y neuroimagen, los científicos hallaron evidencias que apoyan un modelo teórico en el cual la realidad y la imaginación se mezclan para determinar una experiencia sensorial unificada. El modelo propone que, al decidir si una experiencia refleja la realidad externa o la imaginación interna, se compara la fuerza de esta experiencia con un «umbral de realidad». Sin embargo, estas experiencias pocas veces se confunden en la vida diaria, pues la imaginación suele ser menos vívida que la percepción verdadera, y raramente se cruza el umbral de la realidad. No obstante, los resultados también sugieren que si la imaginación se vuelve lo suficientemente vívida o fuerte, será indistinguible de la percepción.

Aquí viene la pregunta del millón: ¿en qué actividad cruzamos siempre el umbral de realidad del que nos habla este estudio? Posiblemente me contestes que en los sueños. Por un lado, estás en lo cierto, pero hay otra actividad con la que superamos ese famoso umbral de realidad… ¡Sí, has acertado! ¡La masturbación! Este acto tan íntimo evidencia al cien por cien el poder de la imaginación. La mente es capaz de transportarnos a otros escenarios y vivir experiencias que, aunque no sean físicamente reales, poseen una intensidad emocional y sensorial verdadera. Tu cuerpo reacciona como si fuesen absolutamente auténticas.

Piénsalo, si pudieses aplicar esa misma intensidad imaginativa a tus deseos y metas, ¿qué no podrías alcanzar? Podrías obtener todo lo que te propusieses visualizándolo en tu mente como si estuviese ocurriendo.

Para que estas visualizaciones tengan un impacto real, deben ser específicas, detalladas y repetidas. La especificidad nos ayuda a crear una imagen clara de lo que queremos alcanzar, el detalle aumenta el realismo de la visualización, y la repetición refuerza las conexiones neuronales que representan nuestro objetivo. La repetición es crucial. Al igual que un camino se vuelve más definido y fácil de recorrer cuanto más se utiliza, las rutas neuronales en nuestro cerebro se fortalecen con el uso repetido. Cada vez que visualizamos nuestro objetivo, estamos recorriendo ese camino mental, haciéndolo más prominente y accesible para nuestra mente. Esto se conoce como potenciación a largo plazo, un proceso por el cual la sinapsis, o conexión entre neuronas, se fortalece con la actividad frecuente.

Además, la repetición conduce a lo que se llama consolidación de la memoria, el proceso por el que la memoria a corto plazo se convierte en memoria a largo plazo estable. Así, al repetir nuestras visualizaciones, estamos inscribiendo nuestros objetivos en la memoria a largo plazo, lo que hace que sean más fáciles de recordar y más influyentes en nuestro comportamiento y toma de decisiones diarios.

Imaginación versus fantasía. ¿Son lo mismo?

La imaginación no es lo mismo que la fantasía, aunque a menudo se confunden. La primera está anclada en la realidad y busca transformarla, mientras que la segunda es una evasión, un escape sin intención de materialización. Ambas nacen del poder creativo de la mente, pero tienen propósitos distintos. Por un lado, la imaginación es la herramienta que nos permite proyectar y construir nuestro futuro deseado; por otro, la fantasía nos ofrece un descanso, una pausa de lo real.

En este mundo que tiende a trivializar la imaginación, comparándola con fantasías inalcanzables, debemos reivindicar su valor. Dejar que otros dicten lo que es realista para nuestras vidas implica renunciar al poder que poseemos para moldear nuestro destino.

¿Y quiénes son los profesionales de la creación? Pues los arquitectos, los diseñadores o los artistas, por ejemplo, quienes ven más allá de lo que existe y que, con su imaginación, proyectan y crean lo que será. Ellos nos demuestran que la creatividad es infinita y que, con imaginación, podemos diseñar nuestra propia realidad.

Te preguntarás entonces: ¿por qué no son plenamente felices todas estas personas? En realidad, la respuesta es muy sencilla: utilizan únicamente el poder de su imaginación de forma positiva en sus trabajos, pero en el resto de sus vidas la usan de manera automática y reactiva, como lo haríamos tú o yo si no supiésemos manejar este poder.

Así que, ¿por qué no aplicar esta capacidad en nuestro día a día? ¿Por qué no convertirnos en arquitectos de nuestro destino, diseñadores de nuestra felicidad? Es momento de recuperar la imaginación y usarla con intención. No para evadirnos, sino para construir, para hacer realidad esos sueños que nos atrevemos a visualizar.

Pintando el futuro para hacerlo realidad

Después de haber visto el inmenso poder de nuestra imaginación, ha llegado el momento de explicarte el que posiblemente es el ejercicio más poderoso para que consigas lo que te propongas. Es una técnica que llevo practicando desde hace más de trece años con unos resultados increíbles.

A partir de este momento, nos convertiremos en niños de nuevo, y daremos rienda suelta a nuestra imaginación para empezar a plasmar con dibujos nuestros deseos y metas más anhelados. Y esto es vital porque no utilizaremos recortes, sino que vamos a dibujar nuestras metas. ¿Por qué? Porque al dibujar impregnamos nuestras creaciones con nuestra propia energía. Así, la imagen del coche, la lavadora o la casa que quieres, o cualquier objetivo que tengas, si no la dibujas, no será verdaderamente tuya.

No te olvides de que la creatividad y la imaginación brotan desde el interior. Por lo tanto, aunque puedas cortar de una revista una imagen de un BMW rojo o un Mercedes clase CLX 180, si no lo dibujas, no será lo mismo, no será tu coche. Al ponerlo sobre el papel, esa energía que inviertes es lo que marcará la diferencia, dándole fuerza y creatividad, elementos precursores para luego materializar algo en la realidad.

Recuerda lo que hemos hablado sobre cómo funcionan ciertas profesiones, como los arquitectos, los diseñadores o los artistas. Todos ellos crean desde su mente y viven de sus creaciones e imaginación. Pero, normalmente, lo primero que hacen es plasmar sus ideas en papel, pasando del mundo abstracto y etéreo a algo más tangible, mucho más cercano al mundo real. Incluso los músicos, que también viven de sus creaciones, antes de tocar su música y hacerla real primero la escriben. Así, el paso intermedio entre la mente y la realidad suele ser pasar la idea a papel, como si el mundo en 2D estuviera ya más cerca de nuestra realidad.

Pero no solo las personas que viven de sus ideas trabajan con este poder. Todos lo hacemos constantemente con nuestros pensamientos comunes. Lo que tú pones en tu corteza prefrontal, esas ideas e imágenes, es lo que vas a crear en tu realidad. Si tu piloto automático está generando imágenes negativas en tu día a día, o si percibes tu entorno como destructivo y lleno de luchas, eso será lo que crees y veas en tu realidad.

Voy a contarte un ejemplo personal que fue determinante en mi vida para demostrarte el poder de este ejercicio y explicar sus fases. Todo tuvo lugar hace unos años, en octubre de 2010. En ese momento, vivía en un piso de mi propiedad en San Sebastián de los Reyes (Madrid), sin terraza ni piscina. A pesar de tener mucha luz, en el mes de agosto me agobiaba no poder bajar a darme un baño y no tener una terraza para disfrutar del sol o cenar al aire libre. Cinco años antes de vivir en ese piso, con veintisiete años, me había comprado mi primera casa; era un bajo interior y, para compensar la falta de luz, pinté las paredes de amarillo sol. En ese tiempo, metido en mi cueva amarilla, visualizaba que las futuras casas en las que viviría tendrían mucha luz. Recuerdo que me imaginaba un piso blanco donde entrara mucho sol. Y todo ello se plasmó en mi siguiente casa, la de San Sebastián de los Reyes, que compré a los treinta y dos años, pero, por desgracia, en mi visualización nunca contemplé la posibilidad de tener terraza o piscina, pues me parecía un lujo extraordinario.

Después de algunos años en ese piso, me sentí agobiado y decidí que quería vivir en el campo. Conociendo ya estas técnicas de visualización, en octubre de 2010 pinté en una cartulina blanca del tamaño de medio folio una casa en el campo. Aquella casa era moderna, con pozo, placas solares, árboles frutales y piscina. Me enfoqué mucho en esta imagen, pero luego, en enero del siguiente año, sentí que algo no encajaba. Aunque me gustaba lo moderno, prefería las construcciones rústicas. Así que dibujé una nueva casa de campo, con placas solares, un río en lugar de un pozo y una casita al lado para mis cursos. Quería que estuviera a un máximo de cincuenta kilómetros de Madrid, para facilitar mis idas y venidas al despacho que tenía en el centro.

En abril, cuando ya había comenzado a mirar diversas casas de campo, mi entonces pareja me sugirió ver un chalet que había encontrado en una web inmobiliaria, cerca del domicilio de su hermano en las afueras de Madrid. Fuimos a verlo y, al llegar, fue amor a primera vista. ¡El chalet era asombrosamente parecido al dibujo que había realizado meses antes! Me enamoré de esa casa con dos mil metros cuadrados de parcela, encinas increíbles, una gran piscina, zona de barbacoa y hasta un área para impartir mis cursos. Sin embargo, la vendían por setenta mil euros más de lo que podíamos pagar. Al salir de la visita, le dije a mi pareja que compraríamos esa casa por setenta mil euros menos.

Justo esa misma noche hice otro dibujo, esta vez, de la casa de la que me había enamorado, con nosotros felices disfrutando de ella. Todos los días me enfocaba en ese dibujo con la sensación de que ya estábamos viviendo allí.

Aquel año compramos la casa setenta mil euros más barata, fue un 18 de noviembre. Posiblemente había conseguido materializar la meta que más había deseado en mi vida, pero, dos días después, comenzó a llover con intensidad y mi gran alegría se esfumó. Descubrimos que la casa tenía muchas goteras y reparaciones pendientes por su antigüedad, algo que el anterior dueño nunca mencionó. Al final, lo que representaba libertad y felicidad se convirtió en una cárcel. Gastamos gran parte de los pocos ahorros que nos quedaron en reparaciones y, después de dos años, mi pareja y yo nos separamos. Pusimos la casa en alquiler y posteriormente en venta.

En ese momento, en 2016, pinté otro dibujo, ya que era momento de vender la propiedad. Tracé dos manos que se estrechaban como símbolo del acuerdo de venta y las palabras *win-win* («ganar-ganar»). Por entonces ya estaba casado con mi actual esposa y no tenía sentido mantener algo del pasado que también pertenecía a mi expareja. La casa se vendió por menos de lo que nos costó, lo que representó una pérdida de cien mil euros para cada uno. Fue un duro golpe financiero, pero, gracias a esa experiencia, aprendí mucho sobre el poder de mi mente y fue lo que me empujó a crear el programa de enfoque mental NeuroFocus System©. Quería enseñar a las personas cómo utilizar correctamente el poder mental que todos tenemos para que no se vuelva en su contra.

Estos dibujos que representan la realización de tus objetivos son herramientas poderosas, pero debemos desapegarnos emocionalmente de ellos. La emoción descontrolada no es buena para crear estos dibujos, te lo digo por experiencia propia. La obsesión con la que me enfocaba en esos meses antes de la compra del chalet, con una intención de carencia y miedo a no poder comprarlo, fue determinante para lo que luego ocurrió. Mi energía no era la correcta, necesitaba vivir en ese chalet para ser feliz. Estaba tan obsesionado con esa casa que no vi sus defectos ¡Ni se nos ocurrió llamar a un arquitecto para revisarla, estaba cegado por conseguirla a toda costa!

¡Vamos con el ejercicio! Lo primero de todo, ¿tienes en mente los objetivos que deseas conseguir? Te recomiendo tener hecho el ejercicio de la lista de las cincuenta o más metas y deseos. Si no tienes hecha esa lista, no pasa nada, piensa en los dos o tres objetivos más importantes en este momento. Lo que harás es coger una cartulina blanca de tamaño que sea más o menos la mitad de una hoja A4 en blanco, por eso de que no sea muy grande el dibujo, aunque puedes hacerlo del tamaño que desees. Con cada objetivo, antes de ponerte a pintarlo, escribirás por la otra cara de la cartulina lo siguiente (lo expliqué en el capítulo sobre crear la visión de tus objetivos):

- La intención inicial o el porqué deseas conseguir este objetivo. Piensa de forma abundante y positiva para escribir todos tus motivos.
- El propósito final o el para qué quieres conseguirlo. Aquí tendrás que escribir los valores internos que realmente deseas vivir cuando hayas alcanzado tu objetivo.

Una vez escrito lo anterior por la otra cara de la cartulina, en un lugar tranquilo, con tus lápices de colores, dedicando el tiempo necesario te pondrás a pintar ese objetivo. No importa si tardas dos horas o diez minutos, lo importante es la intención y estar enfocados en el proceso. Recuerda que cada objetivo es una cartulina y no comenzarás con el siguiente hasta que no hayas terminado el que estás pintando en ese momento. Nunca pintes dos objetivos a la vez.

Lo que vas a dibujar es el resultado final, como si se tratara de una foto finish que congele tu mejor momento una vez que ya conseguiste lo que te habías propuesto. Pero no en el momento de la euforia inicial, sino unos meses después, cuando ya es algo aceptado en tu vida. La sensación debe ser de normalidad, no de subidón. Cuando mires la pequeña cartulina con tu dibujo, debes sentir que ya tienes lo que has dibujado. Esto es crucial para convertir tus metas y objetivos en algo común y asentado en tu vida. Así, sentirás que ya ha ocurrido y lo contemplarás como si ya fuese parte de tu realidad, de tu pasado reciente. ¡Ya lo conseguiste hace meses!

Y recuerda: no importa si no dibujas bien; lo importante es la intención que hay detrás del dibujo. Tu cerebro cuántico sabe lo que quieres; solo debes enfocarlo constantemente en esa dirección.

Una vez tengas la cartulina con tu dibujo, obsérvala fijamente para memorizarla. Este proceso debe realizarse con la mente en estado de aceptación plena de que ese dibujo representa algo que ya has conseguido.

Cuando la hayas memorizado, ponte un antifaz que te tape los ojos (para favorecer la entrada en ondas alfa), relájate y empieza a visualizar el dibujo que has pintado como una imagen estática proyectada en tu lóbulo frontal, como si estuviese delante de ti. Recuerda que tu lóbulo frontal es la pantalla de cine en donde proyectas todos tus pensamientos, sean conscientes o inconscientes. Visualízate en esa situación, y proyecta tu dibujo sin movimiento, solo contemplando y disfrutando de ese objetivo ya cumplido. Siente la emoción de haberlo logrado, pero una emoción tranquila, de satisfacción y gratitud, no de euforia desbordada. Es una sensación de normalidad enriquecida, como si eso que tanto deseabas ya formara parte de tu vida.

Es muy importante no crear en tu mente una película del dibujo que represente tu meta conseguida. Lo que queremos es mantener la imagen estática del dibujo el tiempo que sea posible antes de que se diluya en tu imaginación. Cuando pierdas el detalle del dibujo, quítate el antifaz y vuelve a memorizar la imagen con tranquilidad. Vuelve a ponértelo y repite el estado contemplativo. Debes realizar este proceso las veces que sea necesario durante al menos diez minutos. Este sería el tiempo mínimo necesario para trabajar con cada meta dibujada.

Esta práctica de visualización diaria es crucial. Al repetirla constantemente, creamos una conexión fuerte entre la imagen de nuestra meta y nuestra realidad actual. Dicha conexión no es mera fantasía; al realizar este ejercicio, estamos creando nuevas redes neuronales mediante la neuroplasticidad, lo que demuestra cómo nuestros pensamientos y visualizaciones pueden modificar la estructura y función de nuestro cerebro.

La repetición constante de esta visualización, acompañada de una actitud de aceptación y normalidad, cambiará poco a poco tu percepción interna. Empezarás a alinearte más con tus metas y aspiraciones. Tu mente subconsciente, que no distingue entre lo que es real y lo que es imaginado, trabajará a tu favor, buscando oportunidades y generando ideas que te acerquen a tu objetivo.

Durante el proceso, es fundamental mantener una mentalidad abierta y flexible. A veces, el camino hacia tus objetivos puede tomar giros inesperados. Estate abierto a estas posibilidades y no te aferres rígidamente a cómo crees que deben suceder las cosas; esto te permitirá aprovechar las oportunidades que no habías previsto. Debes también estar atento a las señales y sincronicidades en tu vida diaria que pueden estar alineadas con tus visualizaciones. Estas pueden ser indicaciones de que estás en el camino correcto, y que tu mente y el universo están conspirando a tu favor.

Al final, lo que descubrimos es que la imaginación es el puente entre lo que somos y lo que deseamos. No se trata solo de una herramienta para lograr metas materiales, sino de una vía para manifestar nuestra versión más auténtica y realizada. Al dominar este arte de la visualización consciente, cambiamos nuestro mundo exterior manifestando lo que deseamos, pero también desbloqueamos el inmenso poder creativo del mago que nunca supimos que éramos.

Por ahora, te dejo con esta reflexión: la imaginación es la semilla de lo posible. Hasta entonces, te invito a soñar en grande y a crear sin límites.

9

EL PODER DE LA FE EN TI
Y EN LA VIDA

Si tienes fe como un grano de mostaza, dirás a
este monte: «Pásate de aquí allá», y se pasará.
Nada os será imposible.

MATEO, 17, 20

La fe transformó mi vida aún siendo un niño y, gracias a ella, he
llegado a donde estoy. Pero antes de contarte mi historia y cómo
encontré la fe, déjame hacerte una pregunta: ¿Tienes fe en ti mismo
y en la vida en general? Y no, no estoy hablando necesariamente
de religión ni de espiritualidad. Me refiero a ese cosquilleo en el
estómago, esa sensación de que, pase lo que pase, todo va a salir
bien. O simplemente, esa confianza en que tienes lo que hace falta
para lograr tus metas. Si careces de ella, por supuesto, no te preocupes; todos pasamos por esos momentos. La buena noticia es que
la fe, como el enfoque mental, se puede entrenar y fortalecer.

La fe es la confianza o la creencia en algo o alguien, incluso sin tener pruebas materiales que lo respalden. Es esa voz interna que te dice: «Sí, puedes hacerlo», hasta cuando todo lo demás indica lo contrario. A mí me gusta definirla como un estado mental que te permite creer sin ver con una convicción clara de que eres capaz.

Desde mi punto de vista, la fe es el mayor poder oculto que todos llevamos en el interior. Ya lo decía Jesucristo en el Nuevo Testamento. No solo te proporciona la energía para perseguir tus sueños y metas, sino que también mejora tu estado mental y emocional. Y lo mejor de todo es que, a medida que tu fe crece, también lo hace tu capacidad para enfocarte y mantener el rumbo que deseas. Es un círculo virtuoso que puede llevarte hasta el infinito y más allá, tal y como decía Buzz Lightyear en la película *Toy Story*.

La fe es mucho más que ser positivo. Es algo así como una convicción emocional que te empuja a actuar aun cuando las probabilidades están en tu contra. Es esa chispa que enciende tu llama del entusiasmo y el compromiso, y que mantiene tu enfoque mental concentrado como un rayo láser. Esta energía es tan poderosa que, para manejarla de forma apropiada, tienes que disponer también de un gran equilibrio interior que te permita evaluar todas las opciones con calma y no dejarte llevar reactivamente por ella.

Te voy a poner un ejemplo. Imagina que eres un corredor en una carrera de obstáculos. En la pista por la que vas a correr están las vallas que tendrás que saltar, pero algunas de ellas son más altas que otras, unas están más cerca y otras más lejos, y varias parecen imposibles de saltar. Ahora, si tienes fe en ti mismo, cada obstáculo es una oportunidad para demostrar de qué estás hecho, pudiendo utilizar tus fortalezas y habilidades. No ves algo imposible de cumplir; ves un desafío que superar. No ves un fracaso; ves un aprendizaje que te hará más fuerte. En este caso, la fe actúa como un impulso que te lanza hacia delante, permitiéndote saltar más alto y llegar más lejos. Es como tener a tu mejor amigo animándote en cada salto, gritando: «¡Vamos, tú puedes!».

Si hay algo en lo que se enfoca la ciencia de la psicología positiva, es en la capacidad de la mente para influir en nuestro bienestar general. Un estudio publicado en 2022, titulado «Optimism, Daily Stressors, and Emotional Well-Being Over Two Decades in a Cohort of Aging Men»[1], sugiere que una visión optimista del futuro y de la vida, que se puede relacionar con la fe en un resultado positivo, podría tener beneficios significativos para nuestra longevidad de una forma más saludable. Pero ¿qué sucede cuando combinamos esa perspectiva optimista con una fe firme en nuestras propias capacidades y en el universo mismo? Este tipo de fe actúa como un catalizador en nuestras vidas. No solo mejora nuestra resiliencia, sino que también nos ayuda a acceder a niveles más profundos de creatividad e innovación. Es como si tu cerebro se convirtiera en un laboratorio de ideas constantemente en funcionamiento, en busca de soluciones y viendo oportunidades donde otros solo ven impedimentos.

Ahora piensa en ese corredor de obstáculos que mencioné antes. Imagina que, en esta carrera, no solo tienes fe en ti mismo, sino también en algo superior o un propósito más grande en la vida. Esto se traduce en un tipo de tranquilidad mental que reduce el estrés y aumenta la claridad, lo que te permite tomar decisiones más sabias en cada salto y giro. Es como tener a tu mejor amigo animándote, pero también a un coach personal, un plan de acción y una visión clara de la meta.

¿Y qué pasa cuando combinas la fe con la neurociencia? Bueno, ahí es donde las cosas se ponen realmente interesantes. La fe en ti mismo puede literalmente cambiar la química de tu cerebro. El aumento de la dopamina y la serotonina, neurotransmisores clave en la regulación de tu estado de ánimo, la confianza y la motivación, son solo la punta del iceberg. Lo mejor de todo es que una mentalidad positiva puede mejorar tu memoria, atención y habilidades cognitivas. A medida que fortaleces tu «músculo de la fe», estás también entrenando tu cerebro para ser más resistente y adaptable. La fe activa los mismos circuitos cerebrales que se iluminan cuando esperamos un premio (el sistema de recompensa cerebral). Es como si tu cerebro te estuviera dando un adelanto de felicidad, a cambio de tu esfuerzo y perseverancia. Es la zanahoria que te mantiene «enganchado» a tus metas y te ayuda a no abandonar, convirtiendo los desafíos en oportunidades y las oportunidades en logros.

No podemos olvidar la importancia de mantener esta fe a lo largo del tiempo. La constancia es clave. La fe no es algo que puedas encender y apagar como un interruptor; necesita ser integrada en tu forma de ser para que forme parte de ti. Así como el atleta de nuestro ejemplo entrena cada día para mantenerse en forma y ganar su carrera, tú también necesitas practicar la fe en ti mismo y en la vida a diario.

La fe y el enfoque mental

Hasta hace no muchos años, no era muy consciente de la estrecha relación que hay entre la fe y el enfoque mental. Ambos aspectos se retroalimentan mutuamente en un ciclo positivo. Tener fe en que puedes alcanzar tus metas te proporciona el enfoque necesario para trabajar hacia ellas. A su vez, mantener un enfoque claro y constante refuerza tu fe, ya que empiezas a ver progresos, aunque sean pequeños, que te acercan a tus objetivos. He podido ver, tanto en mis clientes como por mi experiencia, este fuerte vínculo entre motivación y fe. De hecho, me atrevería a decir que la fe es el gran potenciador de la motivación. Es como el octanaje de la gasolina: cuanta más fe y confianza tienes en ti o en la vida, mayor es el octanaje de motivación que te impulsará a superar los obstáculos que se te plantearán en el futuro cuando te propones conseguir una meta.

A mí me gusta representarlo de esta manera: imagina que eres un arquero. La fe es la mano que sostiene el arco, mientras que el enfoque es la puntería. Si tienes fe, pero te falta enfoque, dispararás flechas sin un objetivo claro. Si tienes enfoque, pero te falta fe, es probable que ni siquiera cojas el arco. Pero si posees ambos, no solo dispararás, sino que tendrás una alta probabilidad de dar en el blanco.

Tanto la fe como el enfoque mental necesitan un objetivo claro para funcionar al máximo. No puedes tener fe en «algo» si no sabes qué es ese «algo». Y tampoco enfocarte en nada si no tienes un objetivo claro en mente. Así que, para que estos dos poderes funcionen a pleno rendimiento, es imprescindible que tengas tus metas definidas y claras. En el inicio de un proceso de coaching solemos ayudar al cliente a que defina con claridad sus metas aplicando el filtro de objetivos SMART: Específicos, Medibles, Alcanzables, Relevantes y Temporales. Este filtro te ayuda a ver las metas de una forma más detallada y realista.

En el corazón de la sociedad actual yace un desafío crucial: la ausencia de metas definidas, arraigada en un conformismo desganado y una fe menguante, tanto en uno mismo como en fuerzas mayores que podrían enriquecer nuestras vidas. Nos encontramos en una era en la que los pilares de la fe se desmoronan, y sin un esfuerzo consciente por reforzarlos y conectar con nuestro ser interior, corremos el riesgo de perder el vínculo con esa potente energía. Los medios y la cultura predominante, especialmente en Occidente, a menudo perpetúan un ciclo destructivo de materialismo, pérdida de valores y miedo.

Es esencial fortalecer nuestra resiliencia y redescubrir esa fe intrínseca que siempre ha estado allí, tan solo eclipsada por la rutina mecanizada de un constante hacer, desconectados del propósito de nuestras acciones. La sociedad actual, plagada de malestar, nos incita a depositar nuestra fe en estructuras de poder cada vez más autoritarias. Nos seduce con objetivos materiales que prometen comodidad pero que, paradójicamente, nos atan, con la ilusión de que su consecución nos convertirá en ciudadanos modélicos.

Sin embargo, hemos entrado, muchas veces sin percibirlo, en una prisión invisible, sacrificando nuestra autonomía a cambio de seguridad y confort. Una sociedad que no valora a los individuos con una fe fuerte, pues no se les puede dominar ni manipular con facilidad. La fe es el antídoto contra el miedo, la herramienta preferida de aquellos que buscan controlarnos. Es hora de reivindicar nuestra fe interior como escudo y guía, liberándonos de las cadenas invisibles que limitan nuestro potencial.

La fe y la toma de decisiones

Otro aspecto en el cual la fe es clave es la toma de decisiones. Sobra decir que la vida está llena de ellas y cada día tomamos miles de decisiones. Algunas son sencillas, como elegir qué ropa me pondré hoy o qué desayunar. Otras tienen un impacto mayor en nuestro futuro, como decidir estudiar una carrera profesional, empezar o cambiar de trabajo, tener hijos o comprar una casa. Lo importante de esto es que cada decisión requiere un cierto nivel de enfoque mental. Aquí es donde tu fe entra en juego como tu guía interna. Te ayuda a decidir qué es lo que realmente importa para ti, lo que hace que el proceso de toma de decisiones sea mucho más sencillo y genere menos conflicto interior.

¿Cuántas veces has pospuesto una decisión por miedo a equivocarte? Yo unas cuantas veces. Tenemos mucho miedo a elegir mal y arrepentirnos después. Esa duda es la que nos consume por dentro y no nos deja avanzar realmente con decisión. La fe nos motiva a dar el paso, en vez de quedarnos estancados en esos miedos. Nos ayuda a ver más allá del corto plazo y nos invita a creer en nuestras posibilidades futuras. Incluso si nos equivocamos y no conseguimos el resultado esperado, la fe nos dice que sacaremos aprendizajes valiosos de esa experiencia que nos permitirán mejorar la próxima vez que lo intentemos. Esta es la base de una mente resiliente y fuerte.

Cuando estás en contacto con esta sabiduría interna, las decisiones que tomas se convierten, desde mi punto de vista, en un proceso mental completo. Esto engloba, por un lado, tu parte más lógica y racional, y por otro, la parte más intuitiva y «visceral» que siente tu cuerpo y tu ser. De ahí la importancia de que trabajen en equipo en cada decisión, sobre todo las que consideras de mayor peso. No es sencillo conseguir este equilibrio, ya que la fe y la intuición trabajan a un nivel emocional, y si tienes muchos miedos o bloqueos sin resolver procedentes de tu pasado, es posible que interfieran en gran medida con estos poderes internos.

Un artículo científico de 2010, titulado «Spirituality and Performance in Organizations: A Literature Review. Journal of Business Ethics»,[2] analiza un metaanálisis publicado en 2010 que examinó los resultados de más de ciento cuarenta estudios previos sobre el vínculo entre espiritualidad y desempeño en el trabajo. El autor concluyó que, según el análisis estadístico de las investigaciones, existe una pequeña pero significativa correlación positiva entre las prácticas espirituales (meditación, rezar, valores espirituales, etc.) y el desempeño en la toma de decisiones ejecutivas por parte de la persona.

Hay otro estudio muy interesante del año 2012, «Religion, spirituality, and health: the research and clinical implications»,[3] en el que el psiquiatra Harold G. Koenig examina la investigación existente sobre cómo la práctica religiosa y espiritual puede influir positivamente en nuestra salud mental y física. En concreto, en una disminución del estrés y una mejora en el bienestar.

Entonces, digo yo, que si los niveles de estrés y preocupación disminuyen cuando realizo alguna práctica espiritual, sería lógico pensar que también disminuirían cuando tomo alguna decisión. Esto, en realidad, no debería sorprendernos porque lo vivimos a diario. Cuando confías en que estás tomando la decisión correcta, el miedo al fracaso o al error disminuye, lo que hace que puedas decidir con más libertad. ¿A que a ti te pasa lo mismo?

Mi encuentro con la fe

A los diez años, en una clase de Religión, comencé a percibir el poder de la fe. Mi educación hasta ese momento había sido laica, pero un cambio de escuela me introdujo en la enseñanza religiosa. Mi madre había sido mi único nexo con el cristianismo; ella, con mucha paciencia cada noche, nos enseñó a rezar y nos habló con cariño sobre Jesús, ese hombre que, nos decía, dio su vida por nosotros. Recuerdo que antes del accidente de automóvil de mi padre, mis oraciones eran más bien un ritual sin una intención clara; creía en Dios, pero sin un sentimiento profundo que dirigiera mis palabras.

Después del accidente, me volví introvertido y serio, me escondía detrás de una máscara para no mostrar mi inseguridad y dolor. La fe no tenía un significado real para mí, hasta que las historias de Jesús del Nuevo Testamento resonaron en mí en el colegio.

Cada semana, en una pequeña capilla del colegio, asistía a misa con mis compañeros de clase. Allí, mientras las palabras del sacerdote se desvanecían en la distancia, yo rezaba, como mi madre me enseñó, buscando el consuelo en el cielo de ese Dios misericordioso. Pensaba: si Jesús, en momentos de necesidad, se encomendaba a su padre celestial, yo haría lo mismo.

Meses después, durante una de esas misas, comencé a sentir algo dentro de mí, una fuerza que solo pude identificar como una conexión con «mi Padre», que crecía en intensidad poco a poco. Quizá fue la necesidad de sentirme protegido por alguien más poderoso, alguien en quien realmente pudiera confiar, lo que hizo que brotara la fe en mi interior. Aunque todavía no creía en mí ni en mis padres, sí empecé a creer en esa energía poderosa y consoladora.

En aquella capilla, mientras el sacerdote oficiaba la misa, yo encontraba consuelo en mi creciente fe, sentado solo en un banco. Semana tras semana, esa fe me envolvía en amor y esperanza. Empecé a rezar con toda mi atención a Dios, mi Padre, a esa energía imperceptible pero intensamente presente. Era mi soporte en la oscuridad, cuando me asaltaban temores de una posible fractura familiar o por la salud de mi padre.

Después de meses, decidí consumar mi vínculo con esa presencia divina. Opté por un acto de compromiso íntimo: recibir la eucaristía sin haber hecho la comunión de forma oficial. La eucaristía, ese pan y ese vino que para los católicos simbolizan el cuerpo y sangre de Cristo, normalmente se recibe con gran ceremonia a los ocho años, pero yo, proveniente de un colegio laico, no había experimentado ese rito de paso.

El día que me uní a la fila para la eucaristía está grabado en mi memoria. Cuando llegó mi turno, abrí la boca y, al recibir la Sagrada Forma, una oleada de emoción me inundó. Con los ojos cerrados y el corazón palpitante, regresé a mi lugar, y de rodillas, juré lealtad eterna a ese Padre interior. Oré para que esa fe fuera mi faro en la adversidad. Cuarenta años después, ese sentimiento sigue tan vivo como en aquel momento transformador.

La vida nunca deja de asombrarme. Incluso en los rincones más sombríos del alma, siempre surge una luz, sutil pero persistente, que impide rendirse. Durante mi adolescencia tuve muchos momentos en los que quise morir. Mis pensamientos eran tan insoportables que solo deseaba escapar de esta vida; fue la fe en «mi Padre» y la convicción de que cuando fuese adulto tomaría el control e independencia de mi propia vida lo que me sostuvo y evitó que tomara un camino de dolor para mi familia.

El día en que me enfrente cara a cara a la muerte, espero que de aquí a mucho tiempo, será el día en que solo mi cuerpo físico se extinguirá y que una nueva existencia, más sabia, me espere al otro lado.

Entrenando la fe

La fe, por suerte, es algo que se puede entrenar. Hay ciertas características inherentes en las personas con una fe sólida que tendrás que incorporar a tu forma de ser para potenciarla. Vamos a verlas.

- **Son optimistas:** Procuran tener siempre una actitud positiva ante la vida. Como siempre digo a mis alumnos y clientes, confía en la vida, ella nunca te ha dejado caer.
- **Son resilientes:** La resiliencia y la fe van de la mano, ya que una persona resiliente ve el aprendizaje en las situaciones complicadas y no se deja llevar por el desánimo.
- **Están enfocadas:** Tienen una visión clara de sus metas y no se distraen fácilmente de ellas.
- **Son proactivas:** No esperan a que las cosas sucedan porque sí; actúan para hacer que ocurran.
- **Son abiertas:** Están más receptivas a nuevas oportunidades y a «salirse de la caja», lo que favorece la generación de ideas más creativas.

Antes de pasar a la acción, voy a proponerte que realices un test de siete preguntas para evaluar tu nivel de fe en ti mismo y en la vida en este mismo momento. Te dará una información muy útil para saber si te estás beneficiando de este poderoso poder o no.

Cuestionario

Instrucciones: Responde a las siguientes preguntas con total sinceridad, por favor. Utiliza una escala del 0 al 5 para cada pregunta:

0: Nada
1: Poco
2: Más o menos
3: Bastante
4: Mucho
5: Totalmente

1. ¿Cuánta fe tienes en tu capacidad para lograr tus metas y sueños?
2. Cuando enfrentas un desafío, ¿cuánta fe tienes en que encontrarás una solución o aprenderás de la experiencia?
3. ¿Cuánta fe tienes en que las personas que te rodean (familia, amigos, colegas) te apoyarán cuando más lo necesites?
4. En situaciones inciertas o difíciles, ¿qué nivel de fe tienes en que eventualmente todo saldrá bien?
5. ¿Cuánta fe tienes en tu habilidad para mantener un estado mental positivo a pesar de los obstáculos y adversidades?

6. ¿Cuál es tu fe en que la vida tiene un propósito, incluso si aún no lo comprendes completamente?

7. En general, ¿cuánta fe tienes en ti mismo como persona capaz y valiosa?

Interpretación de puntuaciones:

- 0-10: Bajo nivel de fe. Tal vez es el momento de trabajar con un coach tu fe y tu autoconfianza para que te ayude a fortalecerlas.
- 11-20: Nivel de fe moderado. Vas por buen camino, pero aún hay margen de mejora para trabajar tu autovaloración y las metas a conseguir.
- 21-30: Alto nivel de fe. Estás bastante alineado con tus capacidades y con una perspectiva positiva de la vida.
- 31-35: Nivel de fe excepcional. Tienes un nivel de fe muy fuerte que probablemente te impulsará hacia grandes logros y éxitos en tu vida.

¿Qué resultado has obtenido? ¿Coincide con la percepción que tenías antes de realizar el ejercicio?

Y ahora que sabes cuál es tu nivel de fe, veamos qué técnicas podemos emplear para aumentarla y aprovechar mejor sus maravillosos efectos.

La oración o el rezo

Desde temprana edad, adopté la oración como mi primera técnica de enfoque mental, practicándola a diario. La he considerado siempre un bálsamo que alivia preocupaciones y el miedo a un futuro incierto. Tiene el gran beneficio de conectarnos con nuestro poder interior y la confianza en algo superior que nos protege, independientemente del credo o religión que practiques. Seguro que has vivido momentos de introspección, en soledad, en busca de consejo en tu sabiduría interior.

En mi época escolar, no me consideraba un buen estudiante; era distraído, a menudo me perdía en ensoñaciones sobre mi futuro laboral en caso de que mi padre faltase. A mi atención dispersa se sumaba que no tenía interés alguno por las materias que se impartían en clase. Sin embargo, siempre aprobaba el curso, aunque mis notas no eran brillantes. Tenía un método infalible, aunque no hubiese estudiado mucho. El día antes del examen iba a la iglesia que había a doscientos metros de mi casa, me arrodillaba y me ponía a rezar y a hablar con «mi Padre». Le pedía que me aprobase porque así podría encontrar un trabajo si me veía obligado a abandonar los estudios. Entraba en un estado mental de relajación cerrando los ojos, y visualizaba con mucha intensidad que superaba el examen mientras rezaba a «mi Padre». Sentía la emoción del aprobado cuando el profesor me comunicaba la nota y podía verme sonriente y feliz. Llámalo suerte o causalidad, pero siempre aprobaba los exámenes casi sin haberlos estudiado y de la misma manera en que lo había visualizado en la mente. Estos pequeños milagros, como yo los llamaba, fueron cimentando mi fe, aunque fuese de esta forma tan pedigüeña.

No siempre que practicamos la oración estamos en esa postura de implorar o suplicar ayuda. A veces rezar puede llegar a ser como una especie de meditación que nos ayuda a tomar conciencia de nuestra existencia. Es como tener una charla con tu yo superior, ese que te quiere tanto y es tan benevolente. Lo mejor de todo es que siempre podemos adaptarla según las creencias y necesidades individuales que tengamos cuando recemos.

Mis momentos de oración, en los que reflexiono sobre mi destino y propósito de vida, han sido cruciales para mantenerme alineado y confiado en mi camino. Esta coherencia me ha proporcionado una guía constante.

De cualquier forma, y tal y como se afirma en los artículos científicos indicados arriba, tenemos asegurado que nuestro bienestar aumentará, nuestras decisiones serán más acertadas y disminuirá el estrés cuando practiquemos esta técnica. Para que sea más efectiva esta práctica, te recomiendo que sigas los siguientes puntos:

- Busca un lugar que te brinde paz y un momento del día en el que puedas estar sin interrupciones durante el tiempo que dure el rezo.
- Ten una intención clara para dirigir tus pensamientos y energías de agradecimiento, petición o reflexión.

- Enfoca tu mente, cierra los ojos si te ayuda a concentrarte y comienza a enfocar tu atención en la intención de tu oración.
- También te puede ayudar repetir afirmaciones o mantras en voz alta o en silencio. Las palabras repetidas sirven para centrar la mente y profundizar en la práctica.
- Sé constante. Acostúmbrate a tener estos momentos al menos una vez al día. La constancia diaria es clave si quieres conseguir resultados.

Siempre llevaré en mi corazón esta técnica por todo lo que me ayudó en tiempos difíciles. La práctica de rezar puede ser una herramienta poderosa para el crecimiento personal y emocional, independientemente del trasfondo espiritual o religioso de cada uno.

La gratitud

Dice el refrán que «es de bien nacidos ser agradecidos», y yo no puedo estar más de acuerdo. Es la vitamina para el alma que te da energía para avanzar y llena tu tanque mental de optimismo y disfrute por la vida. La gratitud es, sin lugar a duda, uno de los pilares más sólidos en el desarrollo de la fe en nosotros mismos y en la vida. ¿Te ha ocurrido alguna vez estar en un momento de tu vida, en que se ha presentado un desafío o problema importante, y en que el hecho de mirar hacia atrás y apreciar lo que tienes te ha dado la fuerza y la esperanza que necesitabas para superarlo? La gratitud no solo te ayuda a valorar todo lo que has conseguido a lo largo de tu vida, sino que también cultiva la confianza y la fe en el futuro y en tus propias habilidades y fortalezas para superar cualquier obstáculo.

La técnica de la gratitud implica una práctica consciente y deliberada de reconocer y apreciar los aspectos positivos de la vida, tanto los grandes logros como las pequeñas alegrías cotidianas. No se trata tan solo de decir «gracias», sino de sentir verdaderamente y reflexionar sobre el valor de lo que se tiene y de lo que no se desea tener (enfermedades, carencias, guerras, violencia, etc.).

Comencé a practicar la gratitud con veintitrés años cuando descubrí, gracias a mi hermana, los libros de autoayuda de una de las grandes maestras del desarrollo personal, Louise Hay. Hasta esa fecha yo era una persona bastante negativa, malhumorada, muy crítica conmigo mismo y con los demás. No fue fácil cambiar esta actitud tan tóxica, pero la gratitud y las afirmaciones diarias obraron el milagro.

Desde entonces y hasta la fecha practico a diario la gratitud, aunque, con el paso de los años y el aprendizaje de diversas técnicas mentales, he ido creando mi propio hábito a la hora de practicar el agradecimiento. Te lo detallo por si lo deseas incorporar a la rutina de cada día:

- Nada más sonar el despertador por la mañana, antes de levantarme de la cama y con los ojos cerrados, doy las gracias al menos por cinco cosas positivas que hay en mi vida. Por ejemplo, agradezco vivir un día más, tener salud, la familia que tengo, vivir de lo que me gusta, ayudar a otras personas, tener abundancia... Busca esas cosas que alegran tu despertar y son un motivo para desear estar vivo un día más y disfrutarlo.

- A lo largo del día doy las gracias por todo. Algo que me encanta y me hace sentir muy bien es repetir tres veces la palabra «gracias» cuando ocurre algo por lo que puedo estar agradecido. Realizo estas repeticiones con intención, pues me enfocan en el poder del agradecimiento y lo siento como algo poderoso que hay en mi interior. Por ejemplo, doy las gracias por encontrar sitio para aparcar rápidamente, por la comida que puedo comer, por sentir el calor de la calefacción en mi casa en invierno o el frescor del aparato de aire acondicionado en verano, por tener internet, por contar con un coche que me lleva, por vivir en una casa que me cobija, etc. Incluso doy las gracias cuando veo algo que no me gusta pero que, por suerte, no está en mi vida.

- Por la noche, en la cama, doy las gracias por todas las cosas buenas que me han ocurrido en el día. Cuando comencé a realizar estas prácticas años atrás, tenía un «cuaderno de gratitud» en donde apuntaba todos los agradecimientos del día antes de acostarme. En los momentos complicados solía recurrir a la lectura del cuaderno para darme cuenta de lo afortunado que era y lo agradecido que tenía que estar por ser consciente de ello. Si estás empezando o eres de los que prefieren escribir las cosas, te recomiendo que tengas un cuaderno con tus agradecimientos diarios siempre a mano.

Como puedes observar, lo importante es crear el hábito mental de la gratitud mediante la repetición diaria. Esta nueva red neuronal poco a poco se irá implantando en tu cerebro, cada día te costará menos repetirla y te será más fácil sentirla. Como comentaba más arriba, es muy importante que sientas el poder de la gratitud en tu cuerpo mientras repites las palabras mágicas «gracias» o «estoy agradecido», ya que reforzarán tu fe y no dudarás.

Como cierre te diré que nunca dejes de potenciar tu fe y confianza en ti y en la vida, ya que será lo que te guíe en tu realización personal y te ayude a lograr esos objetivos tan deseados.

CONCLUSIÓN

Desarrolla todos tus poderes de mago

> La mente lo es todo. En lo que piensas te conviertes.
>
> BUDA

Al leer las páginas de *El Club de las Mentes Enfocadas*, te embarcaste en un viaje de descubrimiento interior, un camino que te ha llevado a los rincones más recónditos y luminosos de tu mente. Cada capítulo ha sido una puerta que se abre a una estancia de poder y de una posibilidad que siempre estuvo allí, dentro de ti, pero que quizá no habías explorado con tanta intención y profundidad.

Ahora, al llegar al final de este viaje escrito, te encuentras ante el umbral de la integración completa de tus poderes. No es el momento de cerrar el libro y dejar que el polvo cubra lo aprendido; es el momento de activar cada poder y encender la antorcha con tu propia magia. Piensa en los capítulos del libro como los ingredientes de una pócima excepcional que, una vez mezclados con la sabiduría de tu experiencia personal, pueden transformar la realidad misma. ¡Y lo harán si practicas!

Yo he transitado previamente por todos estos poderes y poco a poco los he ido integrando con mi forma de vivir y enfocarme en mis objetivos. Nada es por casualidad, inclusive yo he materializado este libro a partir de una idea que surgió en 2015 cuando cree el programa de enfoque mental NeuroFocus System©, pero que cogió fuerza en el 2021 cuando pinté por primera vez en la cartulina de mis objetivos del año siguiente, un libro escrito por mí. Han tenido que pasar tres años para que el libro se convirtiese en realidad, aunque en mi mente ya estaba publicado desde que lo dibujé por primera vez, pese a que no sabía ni «cómo» ni «cuando» iba a ocurrir. Fue Penguin Random House la que me escribió para hacerme la propuesta. Esta es la magia de la visualización enfocada, de la capacidad de tu mente para materializar en el plano físico aquello que has concebido primero en tu imaginación. El universo siempre conspira a tu favor cuando mantienes una imagen clara y consistente de lo que deseas.

Todos los años realizo un evento online en diciembre para dibujar lo que quieres conseguir el año siguiente. Es un ejercicio muy poderoso que realizamos cientos de personas a la vez. Visualizar tus metas junto a otros que buscan expandir su realidad tiene un efecto multiplicador, es dar permiso colectivo al universo para reinventar lo posible. La información la puedes encontrar en el código QR que tienes al inicio del libro.

Te he transmitido las técnicas que aplico para estar enfocado en cómo quiero que sea mi vida. Déjame decirte lo que yo hago cada día, por si te vale y quieres modelarlo para ti:

1. Antes de levantarme creo mi día soñándolo en la cama y agradezco lo afortunado que soy por seguir vivo además de otros cinco o más agradecimientos varios. También es el momento en el que me perdono por adelantado porque posiblemente me haga daño a lo largo del día con mis pensamientos, haga daño a otros y perdonaré a los que me hagan daño.

2. Medito de veinte a treinta minutos. Aunque la técnica que más practico estos últimos años es la atención a la respiración (Anapanasati), de vez en cuando utilizo la técnica de trataka o la vela para trabajar mi atención y foco. Ambas técnicas son realmente muy poderosas para entrenar la mente.

3. Dedico cinco minutos al día a cada objetivo que he pintado, proyectando en mi mente la imagen estática del dibujo que he hecho, llevando puesto el antifaz para tener total oscuridad. La sensación siempre es la misma cuando contemplo el dibujo en mi imaginación: Ya lo he conseguido y me siento satisfecho.

4. Además de lo anterior, en el despacho de mi casa tengo a la vista las cartulinas que he pintado con los objetivos, de esta forma puedo contemplarlas siempre que quiero, permitiendo a mi inconsciente grabar estas imágenes como

si fueran las de una marquesina de publicidad: sin oponer resistencia emocional y dándolos por cumplidos por adelantado. No tengo prisa y experimento la sensación de abundancia como si ya los hubiese conseguido.

5. Tengo un cuadro en el despacho con varias fotos de mi infancia. Me encanta mirar y saludar a mis niños interiores. Todos los días les vuelvo a hacer la promesa de que yo les protegeré. Que no tengan miedo.

6. Siempre repito decenas o incluso centenas de veces al día varias afirmaciones con las que estoy programando mi mente. En este momento estoy trabajando estas frases:

   a. Me amo, me acepto, me quiero y me valoro.
   b. Confío en mí y en la vida.
   c. Cada día más abundancia y riqueza vienen a mí de cualquier forma.
   d. En mi vida todo fluye de forma fácil y sencilla.
   e. Cada día que pasa estoy más joven y sano.

7. Una vez a la semana, o cada dos semanas, amplío y tacho en la lista donde tengo escritos mis cincuenta objetivos, metas y deseos. Escribo mis nuevos deseos y tacho los conseguidos o los que ya no quiero.

8. Por la noche, antes de dormirme, realizo el ejercicio de la revisión nocturna en que aprovecho para ponerme en paz con las acciones que he realizado en el día y vuelvo a dar las gracias por haber llegado a vivir este día que termina.

Ahora tú tienes el poder del mago para crear la vida que deseas. Hagamos un repaso rápido por lo que hemos visto juntos:

Comenzaste este viaje aprendiendo sobre un triángulo fundamental: la atención, la concentración y el enfoque mental. Son las bases que sostienen cada día de tu vida, las herramientas que te mantienen firme cuando todo alrededor parece querer distraerte. Ahora ya sabes cómo usar estas habilidades para apuntar directo a lo que quieres conseguir, con la precisión de un experto.

Al sumergirte en los entresijos de tu cerebro, te has dado cuenta de que cada conexión y chispa eléctrica en tu cabeza es una oportunidad para algo nuevo y grandioso. Entendiste que tu cerebro es un universo en expansión, creciendo con cada cosa que aprendes y cada idea que decides seguir.

Descubriste el rol que juegan las ondas cerebrales en tu entrenamiento mental. Te familiarizaste con las ondas alfa, que te calman y centran, y las ondas theta, que te llevan a un estado de profunda reflexión. Son más que simples ondas; son aliadas en tu camino hacia un mayor control mental.

Te enfrentaste también al lado oscuro de tu mente, ese lugar donde se esconden los miedos y las dudas. Pero en vez de dejarte intimidar, has aprendido a confrontarlos y has descubierto que cada temor superado y cada duda resuelta te hacen más fuerte.

A lo largo de los capítulos, te has encontrado con el poder oculto de los pensamientos que pasan por tu mente cada día y has vislumbrado cómo la mente cuántica puede ser una fuente de poder infinita para colapsar la realidad que deseas. Has practicado visualizar tus objetivos, dando vida a tu imaginación y reforzando tu fe en ti y en lo que la vida tiene para ofrecerte.

Ahora, mientras te preparas para cerrar este libro, te animo a que no veas esto como un final. Toma cada herramienta, cada técnica que has aprendido y úsala en tu vida diaria. No hay nada más poderoso que dirigir conscientemente tu mente hacia donde quieres ir. Vive cada día con el poder de una mente enfocada y deja que la sabiduría que has desvelado sea tu guía. Entrena tus poderes como el mago entrena sus conjuros, con dedicación y alegría.

Recuerda siempre que el universo de tu mente está lleno de posibilidades. A cada segundo, miles de potenciales futuros pugnan por abrirse paso a la materia. ¿Cuál permitirás que se haga realidad? Aquel que visualices e impregnes de tu intención y propósito. El poder último es dar vida a lo inexistente y ya has probado ese néctar de creatividad.

No permitas nunca más que otros diseñen tu destino. Eres arquitecto y no materia muerta. Eres mago y no conejillo de indias. La vida espera con ganas que traces el camino por el que transitarás con tus objetivos. Habla, pinta, canta tus palabras transformadoras. Y de esas palabras imaginadas, brotarán mundos. El único fracaso posible es tu resistencia para crear algo nuevo. ¡Atrévete!

Adelante, hacia tus sueños y más allá. El momento de ser el Mago de tu Vida ha llegado. ¡Manos a la obra!

¡Todo es posible hasta que se demuestre lo contrario!

AGRADECIMIENTOS

A quien primero quiero dar las gracias es a ti, sí, tú, lector, que tuviste la fuerza suficiente para comprar el libro, ¡y llegar hasta aquí! Espero que te haya gustado y estés entrenando tu mente a diario. Sin ti, este libro no tiene sentido.

Otra persona importantísima en este libro ha sido mi mujer, Blanca. Puedo asegurar que este libro no sería el mismo sin su ayuda. Ella ha sido mi primera lectora, correctora, crítica y gran consejera por todas las acertadas sugerencias que tuvo durante la gestación del libro. La tarea de escribir se hace más llevadera cuando tienes a la familia apoyándote. También agradezco a mis hijos pequeños Roque y Romina por su paciencia sin fin cuando me preguntaban: «¿Papá cuándo terminas el libro y juegas con nosotros? Dijiste que lo terminabas hoy». Menos mal que ellos no tienen todavía la noción del tiempo tal y como lo vemos los adultos.

Agradezco a Oriol Masià de Penguin Random House que me contactase para escribir este libro y la total libertad para elegir la temática. También lo hago extensivo a todas las personas de su equipo por su ayuda y profesionalidad.

A mi terapeuta espiritual, por más de catorce años, Lourdes Minayo, sin cuyas ITV energéticas no puedo estar.

A la que fue durante unos meses mi coach literaria Yliana Ledezma, porque fue la que me ayudó a tener más clara la estructura del libro y definir los puntos principales.

A mi alumna y amiga Anne Igartiburu porque desde que nos conocimos hace más de diez años en su formación de coaching, surgió una preciosa amistad energética, con cuyo apoyo siempre he podido contar en momentos profesionales decisivos.

No puedo olvidarme de todos los maestros que han estado presentes en mi vida desde que era un niño, como mi madre, mi padre, Jesús de Nazaret, Louise Hay, Eckhart Tolle, Ramtha, Marly Kuenerz, Buda y por supuesto el maestro Lobsang Zopa. Mucho de lo que está aquí escrito lleva su energía. Ellos tienen en mi corazón un pequeño espacio reservado, porque mi corazón se ha ido construyendo con ellos.

A los grandes profesionales del desarrollo personal que con sus libros y cursos me han inspirado: Lair Ribeiro, Brian Tracy, T. Harv Eker, Joe Dispenza, Napoleon Hill, Neville Goddard, Rhonda Byrne, Walter Riso, Bruce Lipton, Wayne Dyer, Stephen Covey, David Perlmutter, Dr. Miguel Ruiz... Y muchos más que me dejo en el tintero.

También quiero dar las gracias a mis amigos de profesión Isabel Sousa, con quien comparto el libro de *Neurociencia para coaches* y el curso que lleva el mismo nombre desde hace años. A Luis Pérez Santiago, Juanma Moreno, de la escuela Develand, Pere Tufet, Gonzalo Yuste, Luis Aparicio. A mis compañeras Carolina Carretero, Gisèle García, María Lobo y otras muchas personas que a lo largo de estos dieciséis años que llevo en el coaching, han compartido mi camino profesional y con sus charlas me han ido aportado grandes ideas.

Otras personas que han sido determinantes son los miles de alumnos de mis cursos y procesos de coaching, que con su confianza me han dado mucho feedback de mejora. Ellos han confiado en mí a ciegas y me han entregado su bien más precioso: la atención. Siempre os estaré agradecido.

Por último, me agradezco a mí mismo por la satisfacción personal de haber conseguido llevar a término uno de los principales retos en los que llevaba enfocando de forma recurrente mis últimas cartulinas. He aquí un claro ejemplo del poder de una mente enfocada.

De igual modo te deseo a ti, lector, la misma suerte.

Un abrazo,   *Diciembre de 2023*
David

BIBLIOGRAFÍA

1. El triángulo de poder: la atención, la concentración y el enfoque consciente

1. Eyal Ophir, Clifford Nass, and Anthony D. Wagner «Cognitive control in media multitaskers», September 15, 2009 106 (37) 15583-15587 https://doi.org/10.1073/ pnas. 0903620106.

2. La magia oculta del cerebro humano

1. Grant Soosalu, Suzanne Henwood, and Arun Deo. «Head, Heart, and Gut in Decision Making: Development of a Multiple Brain Preference Questionnaire». https://doi.org/ 10.1177/ 2158244019837439.
2. Navarrete, A., van Schaik, C. & Isler, K. «Energetics

and the evolution of human brain size». *Nature* 480, 91-93 (2011). https://doi.org/10.1038/nature10629.

3. https://www.mpg.de/619356/pressRelease201003101.

4. Lezak, M. D. (1995). Neuropsychological assessment (3rd ed.). Oxford University Press.

5. Colcombe S, Kramer AF. «Fitness effects on the cognitive function of older adults: a meta-analytic study». *Psychol Sci.* 2003 Mar;14(2):125-30. doi: 10.1111/1467-9280.t01-1-01430. PMID: 12661673.

6. https://news.ucr.edu/articles/2022/12/23/how-brain-stores-remote-fear-memory.

7. Jimsheleishvili S, Dididze M. «Neuroanatomy, Cerebellum». [Updated 2023 Jul 24]. In: StatPearls [Internet]. Treasure Island (FL): StatPearls Publishing; 2023 Jan-. Available from: https://www.ncbi.nlm.nih.gov/books/NBK538167/.

8. Matthias Fastenrath, Klara Spalek, David Coynel, Eva Loos, Annette Milnik, Tobias Egli, Nathalie Schicktanz, Léonie Geissmann, Benno Roozendaal, Andreas Papassotiropoulos, Dominique J.-F. de Quervain. «Human cerebellum and corticocerebellar connections involved in emotional memory enhancement». *Proceedings of the National Academy of Sciences*, 2022; 119 (41) DOI: 10.1073/pnas.2204900119.

9. Posner, M.I. y Petersen, S.E. (1990). «The attention system of the human brain». *Annual Review of Neuroscience*, 13, 25-42.

10. Rosenkranz, M. A., Ryff, C. D., Singer, B. H. & David-son, R. J. (2003). «Now you feel it, now you dont: Frontal Brain Electrical Asymmetry and Individual Differences in Emotion Regulation». *Psychological Science*, 14 (6): 612-617.

3. El poder de las ondas cerebrales en tu entrenamiento mental

1. Young L, Camprodon JA, Hauser M, Pascual-Leone A, Saxe R. «Disruption of the right temporoparietal junction with transcranial magnetic stimulation redu-ces the role of beliefs in moral judgments». *Proc Natl Acad Sci* U S A. 2010 Apr 13;107(15):6753-8. doi: 10.1073/pnas.0914826107. Epub 2010 Mar 29. PMID: 20351278; PMCID: PMC2872442.

2. Chiesa A., Calati R., Serretti A. «Does mindfulness tra-ining improve cognitive abilities? A systematic review of neuropsychological findings». *Clinical Psychology Review*. 2011;31(3):449–464. Doi: 10.1016/j.cpr.2010.11.003.

3. Lardone A, Liparoti M, Sorrentino P, Rucco R, Jacini F, Polverino A, Minino R, Pesoli M, Baselice F, Sorriso A, Ferraioli G, Sorrentino G, Mandolesi L. «Mindfulness Meditation Is Related to Long-Lasting Changes in Hip-pocampal Functional Topology during Resting State: A Magnetoencephalography Study». *Neural Plast*. 2018

Dec 18;2018:5340717. doi: 10.1155/2018/ 5340717. PMID: 30662457; PMCID: PMC6312586.

4. Sheth BR, Sandkühler S, Bhattacharya J. «Posterior Beta and anterior gamma oscillations predict cognitive insight». J *Cogn Neurosci.* 2009 Jul;21(7):1269-79. doi: 10.1162/jocn.2009.21069. PMID: 18702591.

5. Kaiser J, Lutzenberger W. «Human gamma-band activity: a window to cognitive processing». *Neuroreport.* 2005 Feb 28;16(3): 207-11. doi: 10.1097/00001756-200502280-00001.PMID: 15706221.

6. Sheth BR, Sandkühler S, Bhattacharya J. «Posterior Beta and anterior gamma oscillations predict cognitive insight». J Cogn Neurosci. 2009 Jul;21(7):1269-79. doi: 10.1162/jocn.2009.21069. PMID: 18702591.

4. El poder del lado oscuro de la mente

1. Joshua Shepherd, «Why does the mind wander?», *Neuroscience of Consciousness*, Volume 2019, Issue 1, 2019, niz014, https://doi.org/10.1093/nc/niz014.

2. Killingsworth MA, Gilbert DT. «A wandering mind is an unhappy mind». *Science.* 2010 Nov 12;330(6006):932. doi: 10.1126/science.1192439. PMID: 21071660.

3. Solomon, Laura J.; Rothblum, Esther D. «Academic Procrastination: Frequency and Cognitive-Behavioral Correlates». *Journal of Counseling Psychology*, v31 n4 p503-09 Oct 1984.

4. (Ryback, 2017) «https://www.psychologytoday.com/us/ blog/the-truisms-wellness/201701/why-we-resist-change». Phillippa Lally, Cornelia H. M. van Jaarsveld, Henry W. W. Potts, Jane Wardle. «How are habits formed: Modelling habit formation in the real world». First published: 16 July 2009 «https://doi.org/10.1002/ejsp.674».
Malwina Szpitalak & Romuald Polczyk (2014) «Mental fatigue, mental warm-up, and self-reference as determinants of the misinformation effect», *The Journal of Forensic Psychiatry & Psychology*, 25:2, 135-151, DOI: 10.1080/14789949.2014.895024.

5. El poder secreto de los pensamientos comunes

1. Tseng, J., Poppenk, J. «Brain meta-state transitions demarcate thoughts across task contexts exposing the mental noise of trait neuroticism». *Nat Commun* 11, 3480 (2020). https://doi.org/10.1038/s41467-020-17255-9.

2. Christoff, K., Irving, Z., Fox, K. *et al.* «Mind-wandering as spontaneous thought: a dynamic framework». *Nat Rev Neurosci* 17, 718-731 (2016). https://doi.org/10.1038/nrn.2016.113.

3. Falk EB, O'Donnell MB, Cascio CN, Tinney F, Kang Y, Lieberman MD, Taylor SE, An L, Resnicow K, Strecher VJ. «Self-affirmation alters the brain's response to health messages and subsequent behavior change». *Proc Natl Acad Sci* U S A. 2015 Feb 17;112(7):1977-82.

doi: 10.1073/pnas. 1500247112. Epub 2015 Feb 2. PMID: 25646442; PMCID: PMC4343089.

4. Cascio CN, O'Donnell MB, Tinney FJ, Lieberman MD, Taylor SE, Strecher VJ, Falk EB. «Self-affirmation activates brain systems associated with self-related processing and reward and is reinforced by future orientation». *Soc Cogn Affect Neurosci.* 2016 Apr;11(4):621-9. doi: 10.1093/scan/nsv136. Epub 2015 Nov 5. PMID: 26541373; PMCID: PMC4814782.

6. El poder mágico de tu mente cuántica

1. «Particle, wave, both or neither? The experiment that challenges all we know about reality». *Nature* 618, 454-456 (2023) https://doi.org/10.1038/d41586-023-01938-6.

7. El poder de visualizar las metas en tu mente

1. Todd A Hare , Colin F Camerer, Antonio Rangel. «Self-control in decisionmaking involves modulation of the vm PFC valuation system». Science, (2009) https://www.science.org/doi/10.1126/science.1168450.

8. Despertando el poder de tu imaginación

1. Roger E. Beaty rbeaty@fas.harvard.edu, Yoed N. Kenett, Alexander P. Christensen, +7, and Paul J. Silvia,

«Robust prediction of individual creative ability from brain functional connectivity». Authors Info & Affiliations, (2017) https://doi.org/10.1073/pnas.1713532115.

2. Kirwan CB, Ashby SR, Nash MI. «Remembering and imagining differentially engage the hippocampus: a multivariate fMRI investigation». *Cogn Neurosci.* 2014;5(3-4):177-185. doi:10.1080/17588928.2 014.933203.

3. Pascual-Leone A, Nguyet D, Cohen LG, Brasil-Neto JP, Cammarota A, Hallett M. «Modulation of muscle responses evoked by transcranial magnetic stimulation during the acquisition of new fine motor skills». *J Neurophysiol.* 1995 Sep;74(3):1037-45. doi: 10.1152/ jn.1995.74.3.1037. PMID: 7500130.

4. Dijkstra, N., Fleming, S.M. «Subjective signal strength distinguishes reality from imagination». *Nat Commun* 14, 1627 (2023). https://doi.org/10.1038/s41467-023-37322-1.

9. El poder de la fe en ti y en la vida

1. Lee LO, Grodstein F, Trudel-Fitzgerald C, James P, Okuzono SS, Koga HK, Schwartz J. Spiro A, Mroczek DK, Kubzansky LD. «Optimism, Daily Stressors, and Emotional Well-Being Over Two Decades in a Cohort of Aging Men». J *Gerontol B Psychol Sci Soc Sci.* 2022 Aug 11;77(8):1373-1383. doi: 10.1093/geronb/gbac025. PMID: 35255123; PMCID: PMC9371455.

2. Karakas, Fahri. (2010). «Spirituality and Performance in Organizations: A Literature Review. *Journal of Business Ethics*. 94. 10.1007/s10551-009-0251-5.

3. Koenig HG. «Religion, spirituality, and health: the research and clinical implications». *ISRN Psychiatry*. 2012 Dec 16;2012:278730. doi: 10.5402/2012/278730. PMID: 23762764; PMCID: PMC3671693.